1+X 职业技能鉴定考核指导手册

叉车司机

五级

编审委员会

主　　任　　仇朝东

委　　员　　葛恒双　顾卫东　宋志宏　杨武星　孙兴旺
　　　　　　刘汉成　张　伟

执行委员　　孙兴旺　张鸿樑　李　晔　瞿伟洁　周　枫

中国劳动社会保障出版社

图书在版编目(CIP)数据

叉车司机：五级/上海市职业培训研究发展中心组织编写. —北京：中国劳动社会保障出版社，2010

1＋X职业技能鉴定考核指导手册

ISBN 978-7-5045-8208-9

Ⅰ. 叉… Ⅱ. 上… Ⅲ. 叉车-职业技能鉴定-教材 Ⅳ. TH242

中国版本图书馆CIP数据核字(2010)第008908号

中国劳动社会保障出版社出版发行

（北京市惠新东街1号 邮政编码：100029）

出 版 人：张梦欣

*

三河市华骏印务包装有限公司印刷装订 新华书店经销
787毫米×960毫米 16开本 7.5印张 121千字
2010年1月第1版 2025年4月第8次印刷
定价：12.00元

营销中心电话：400-606-6496
出版社网址：http://www.class.com.cn

版权专有 侵权必究

如有印装差错，请与本社联系调换：(010) 81211666
我社将与版权执法机关配合，大力打击盗印、销售和使用盗版图书活动，敬请广大读者协助举报，经查实将给予举报者奖励。

举报电话：(010) 64954652

前　　言

职业资格证书制度的推行，对广大劳动者系统地学习相关职业的知识和技能，提高就业能力、工作能力和职业转换能力有着重要的作用和意义，也为企业合理用工以及劳动者自主择业提供了依据。

随着我国科技进步、产业结构调整以及市场经济的不断发展，特别是加入世界贸易组织以后，各种新兴职业不断涌现，传统职业的知识和技术也越来越多地融进当代新知识、新技术、新工艺的内容。为适应新形势的发展，优化劳动力素质，上海市人力资源和社会保障局在提升职业标准、完善技能鉴定方面做了积极的探索和尝试，推出了1＋X培训鉴定模式。1＋X中的1代表国家职业标准，X是为适应上海市经济发展的需要，对职业标准进行的提升，包括了对职业的部分知识和技能要求进行的扩充和更新。上海市1＋X的培训鉴定模式，得到了国家人力资源和社会保障部的肯定。

为配合上海市开展的1＋X培训与鉴定考核的需要，使广大职业培训鉴定领域专家以及参加职业培训鉴定的考生对考核内容和具体考核要求有一个全面的了解，人力资源和社会保障部教材办公室、中国就业培训技术指导中心上海分中心、上海市职业培训研究发展中心联合组织有关方面的专家、技术人员共同编写了《1＋X职业技能鉴定考核指导手册》。该手册由"理论知识复习题""操作技能复习题"和"理论知识模拟试卷及操作技能模拟试卷"三大块内容组成，书中介绍了题库的命题依据、试卷结构和题型题量，同时从上海市1+X鉴定题库中抽取部分理论知识题、操作技能试题和模拟样卷供考生参考和练习，便于考生能够有针对性地进行考前复习准备。今后我们会随着国家职业标准以及鉴定题库的提升，逐步对手册内容进行补充和完善。

  本系列手册在编写过程中，得到了有关专家和技术人员的大力支持，在此一并表示感谢。

  由于时间仓促，缺乏经验，如有不足之处，恳请各使用单位和个人提出宝贵意见和建议。

1+X职业技能鉴定考核指导手册

编审委员会

目 录

CONTENTS　1+X 职业技能鉴定考核指导手册

叉车司机职业简介 …………………………………………………………（1）

第1部分　叉车司机（五级）鉴定方案 …………………………………（2）

第2部分　鉴定要素细目表 ………………………………………………（4）

第3部分　理论知识复习题 ………………………………………………（14）

　　叉车驾驶 …………………………………………………………………（14）

　　叉车作业 …………………………………………………………………（27）

　　常见故障诊断 ……………………………………………………………（32）

　　叉车的维护与保养 ………………………………………………………（43）

第4部分　操作技能复习题 ………………………………………………（52）

　　叉车驾驶及作业 …………………………………………………………（52）

　　故障诊断 …………………………………………………………………（66）

　　维护与保养 ………………………………………………………………（75）

第5部分　理论知识考试模拟试卷及答案 ………………………………（88）

第6部分　操作技能考核模拟试卷 ………………………………………（101）

叉车司机职业简介

一、职业名称

叉车司机。

二、职业定义

使用叉车机械设备,从事货物装卸、搬运、堆垛等作业的操作人员。

三、主要工作内容

从事的工作主要包括:(1)叉车负载驾驶;(2)叉车作业(包括多层作业,移位、堆码等);(3)叉车常见故障的诊断排除;(4)叉车维护保养。

第1部分
叉车司机（五级）鉴定方案

一、鉴定方式

叉车司机（五级）的鉴定方式分为理论知识考试和操作技能考核。理论知识考试采用闭卷计算机机考方式，操作技能考核采用现场实际操作方式。理论知识考试和操作技能考核均实行百分制，成绩皆达 60 分及以上者为合格。理论知识或操作技能不及格者可按规定分别补考。

二、理论知识考试方案（考试时间 90 min）

题库参数 题型	考试方式	鉴定题量	分值（分/题）	配分（分）
判断题	闭卷机考	60	0.5	30
单项选择题		70	1	70
小计	—	130	—	100

三、操作技能考核方案

考核项目表

职业(工种)名称		叉车司机		等级		五级	
职业代码							
序号	项目名称	单元编号	单元内容	考核方式	选考方法	考核时间(min)	配分(分)
1	叉车驾驶及作业	1	叉车驾驶技能	操作	必考	5	40
		2	叉车作业技能	操作	必考	5	40
2	故障诊断	1	发动机供油系统故障	操作	抽一	10	10
		2	电路故障	操作			
3	维护与保养	1	叉车的日常维护与保养	操作	抽一	10	10
		2	叉车的一级维护与保养	操作			
合计						30	100
备注							

第2部分

鉴定要素细目表

职业（工种）名称				叉车司机	等级	五级
职业代码						
序号	鉴定点代码			鉴定点内容	备注	
	章	节	目	点		
	1				叉车驾驶	
	1	1			叉车的概述	
	1	1	1		叉车作业的特点与任务	
1	1	1	1	1	叉车作业的特点	
2	1	1	1	2	叉车作业的任务	
	1	1	2		内燃叉车的种类及构造	
3	1	1	2	1	内燃叉车的种类	
4	1	1	2	2	内燃动力叉车	
5	1	1	2	3	双动力叉车	
6	1	1	2	4	步行操作式叉车	
7	1	1	2	5	平衡重式叉车	
8	1	1	2	6	插腿式叉车	
9	1	1	2	7	前移式叉车	
10	1	1	2	8	侧叉式叉车	
11	1	1	2	9	集装箱式叉车	
12	1	1	2	10	跨运车	
13	1	1	2	11	叉车的构造	

续表

职业（工种）名称				叉车司机	等级	五级
职业代码						
序号	鉴定点代码				鉴定点内容	备注
	章	节	目	点		
	1	1	3		内燃叉车的主要技术参数	
14	1	1	3	1	技术参数的基本含义	
15	1	1	3	2	叉车的额定起升质量	
16	1	1	3	3	叉车的载荷中心距	
17	1	1	3	4	叉车的最大起升高度	
18	1	1	3	5	叉车的门架倾角	
19	1	1	3	6	叉车的最大起升速度	
20	1	1	3	7	叉车的最大运行速度	
21	1	1	3	8	叉车的满载最大爬坡度	
22	1	1	3	9	叉车最小外侧转弯半径	
23	1	1	3	10	叉车最小离地间隙	
24	1	1	3	11	叉车的外形尺寸	
	1	1	4		内燃叉车的型号编制	
25	1	1	4	1	型号编制原则	
26	1	1	4	2	动力类型代号	
27	1	1	4	3	结构形式代号	
	1	1	5		电瓶叉车的基础知识	
28	1	1	5	1	电瓶叉车的概述	
29	1	1	5	2	电瓶叉车的功能	
30	1	1	5	3	电瓶叉车的分类	
31	1	1	5	4	电瓶叉车的结构	
32	1	1	5	5	电瓶叉车的型号	
	1	2			驾驶基础知识	
	1	2	1		叉车操纵机构与仪表	
33	1	2	1	1	叉车主要操纵机构的名称	
34	1	2	1	2	叉车主要操纵机构的功能	

叉车司机（五级）

续表

职业（工种）名称				叉车司机	等级	五级
职业代码						
序号	鉴定点代码				鉴定点内容	备注
	章	节	目	点		
35	1	2	1	3	叉车仪表的名称	
36	1	2	1	4	叉车仪表的功能	
	1	2	2		就车、下车与驾驶姿势	
37	1	2	2	1	就车时的要求	
38	1	2	2	2	下车时的要求	
39	1	2	2	3	驾驶姿势的要点	
	1	2	3		发动机的启动、升温和停熄	
40	1	2	3	1	发动机启动的操作方法	
41	1	2	3	2	发动机升温的注意事项	
42	1	2	3	3	发动机停熄的注意事项	
	1	2	4		主要操纵机构的操作	
43	1	2	4	1	离合器的操作方法	
44	1	2	4	2	行车制动器的操作方法	
45	1	2	4	3	驻车制动器的操作方法	
46	1	2	4	4	加速踏板的操作方法	
47	1	2	4	5	方向盘（转向盘）的操作方法	
48	1	2	4	6	变速杆和换向杆的操作方法	
49	1	2	4	7	座椅调整杆的操作方法	
50	1	2	4	8	工作装置的操作方法	
	1	2	5		平地起步、直线行驶、倒车及停车	
51	1	2	5	1	平地起步的操作顺序	
52	1	2	5	2	直线行驶的要领	
53	1	2	5	3	直线倒车的要领	
54	1	2	5	4	停车的要领	
	1	2	6		换挡、转向和制动	
55	1	2	6	1	低速挡换高速挡的操作方法	

续表

职业（工种）名称				叉车司机	等级	五级
职业代码						

序号	鉴定点代码				鉴定点内容	备注
	章	节	目	点		
56	1	2	6	2	高速挡换低速挡的操作方法	
57	1	2	6	3	转向的注意事项	
58	1	2	6	4	制动的注意事项	
	1	3			道路交通法规与叉车行驶注意事项	
	1	3	1		《道路交通安全法》	
59	1	3	1	1	道路交通的一般规定	
60	1	3	1	2	机动车通行规定	
61	1	3	1	3	交通事故的处理	
62	1	3	1	4	法律责任	
	1	3	2		企业内道路行驶安全要求	
63	1	3	2	1	对车辆的安全要求	
64	1	3	2	2	限制速度的规定	
65	1	3	2	3	叉车行驶时注意事项	
	1	3	3		道路交通标志和标线	
66	1	3	3	1	警告标志	
67	1	3	3	2	禁令标志	
68	1	3	3	3	指示标志	
69	1	3	3	4	指路标志	
70	1	3	3	5	道路施工安全标志	
71	1	3	3	6	辅助标志	
72	1	3	3	7	标线	
	1	4			职业道德	
	1	4	1		职业道德和叉车司机的职业守则	
73	1	4	1	1	职业道德的含义	
74	1	4	1	2	职业道德的特点	
75	1	4	1	3	职业道德的作用	

续表

职业（工种）名称					叉车司机	等级	五级
职业代码							
序号	鉴定点代码				鉴定点内容	备注	
	章	节	目	点			
76	1	4	1	4	社会主义职业道德		
77	1	4	1	5	叉车司机的职业守则		
	2				叉车作业		
	2	1			力学基础知识		
	2	1	1		基本概念		
78	2	1	1	1	力的基本概念		
79	2	1	1	2	物体间力的相互作用		
80	2	1	1	3	力的平衡		
81	2	1	1	4	物体的受力分析		
82	2	1	1	5	力的合成和分解		
83	2	1	1	6	力的分类简介		
84	2	1	1	7	受力分析实例		
85	2	1	1	8	杠杆原理		
	2	2			叉车的工作装置		
	2	2	1		工作装置的组成、作用		
86	2	2	1	1	工作装置的组成		
87	2	2	1	2	货叉的种类和作用		
88	2	2	1	3	叉架的结构和作用		
89	2	2	1	4	叉车门架的组成和种类		
90	2	2	1	5	链条与链轮的作用		
	2	2	2		常见的叉车属具		
91	2	2	2	1	铲斗		
92	2	2	2	2	挑杆		
93	2	2	2	3	桶夹		
94	2	2	2	4	圆木夹		
95	2	2	2	5	推货器		

续表

职业（工种）名称					叉车司机	等级	五级
职业代码							
序号	鉴定点代码				鉴定点内容		备注
	章	节	目	点			
96	2	2	2	6	横移货叉或侧移器		
	2	2	3		工作装置的操纵		
97	2	2	3	1	升降手柄的操作方法		
98	2	2	3	2	倾斜手柄的操作方法		
	2	2	4		叉车的基本作业和基本要领		
99	2	2	4	1	叉取和起运的操作步骤		
100	2	2	4	2	卸放和定位的操作步骤		
101	2	2	4	3	叉车作业的操作要领		
	2	2	5		叉车安全作业注意事项		
102	2	2	5	1	叉车运行时的注意事项		
103	2	2	5	2	叉车作业时的注意事项		
104	2	2	5	3	叉车作业后的注意事项		
	3				常见故障诊断		
	3	1			故障诊断的基础知识		
	3	1	1		概述		
105	3	1	1	1	故障的分类		
106	3	1	1	2	故障分析方法		
107	3	1	1	3	故障分析基础		
108	3	1	1	4	引发故障原因		
	3	2			发动机基础知识及发动机燃油供给系统故障		
	3	2	1		发动机基础知识		
109	3	2	1	1	发动机的分类		
110	3	2	1	2	发动机的总体结构		
111	3	2	1	3	发动机名词解释		
112	3	2	1	4	发动机的工作原理		
113	3	2	1	5	曲柄连杆机构的功用		

续表

职业（工种）名称					叉车司机	等级	五级
职业代码							
序号	鉴定点代码				鉴定点内容		备注
	章	节	目	点			
114	3	2	1	6	曲柄连杆机构的组成		
115	3	2	1	7	配气机构的功用		
116	3	2	1	8	配气机构的组成		
117	3	2	1	9	柴油发动机润滑系的作用		
118	3	2	1	10	柴油发动机润滑系的组成		
119	3	2	1	11	发动机的冷却方法		
120	3	2	1	12	水冷却系的组成		
121	3	2	1	13	冷却系的作用		
122	3	2	1	14	启动系的作用		
123	3	2	1	15	发动机的启动方法		
124	3	2	1	16	汽油机点火系		
125	3	2	1	17	柴油发动机燃料供给系的功用		
126	3	2	1	18	柴油发动机燃料供给系的组成		
127	3	2	1	19	柴油供给装置的组成		
128	3	2	1	20	空气供给装置的组成		
129	3	2	1	21	混合气形成装置的组成		
130	3	2	1	22	废气排出装置的组成		
131	3	2	1	23	燃料供给系供油过程		
	3	2	2		柴油发动机常见故障的原因		
132	3	2	2	1	启动转速低故障的原因		
133	3	2	2	2	供油系统不正常故障的原因		
134	3	2	2	3	机油压力不正常故障的原因		
135	3	2	2	4	排气冒烟不正常故障的原因		
136	3	2	2	5	功率不足故障的原因		
137	3	2	2	6	柴油机过热故障的原因		
138	3	2	2	7	机油耗量过大故障的原因		

续表

职业（工种）名称				叉车司机	等级	五级
职业代码						
序号	鉴定点代码				鉴定点内容	备注
	章	节	目	点		
139	3	2	2	8	机油油面升高故障的原因	
	3	3			电工常识及电路故障	
	3	3	1		电路的基本概念	
140	3	3	1	1	电路的构成	
141	3	3	1	2	电流的基本概念	
142	3	3	1	3	电压的基本概念	
143	3	3	1	4	电阻的基本概念	
144	3	3	1	5	磁的基本知识和原理	
145	3	3	1	6	直流电路的串、并联	
146	3	3	1	7	正弦交流电基本概念	
147	3	3	1	8	安全用电	
148	3	3	1	9	常用电工工具的使用	
149	3	3	1	10	电流表的使用	
150	3	3	1	11	电压表的使用	
151	3	3	1	12	万用表的使用	
	3	3	2		叉车电气系统	
152	3	3	2	1	起动电路的分析	
153	3	3	2	2	起动装置的组成	
	3	3	3		电路故障诊断	
154	3	3	3	1	灯光不亮故障的原因	
155	3	3	3	2	灯光不亮故障的处理方法	
156	3	3	3	3	灯光不亮故障处理的安全注意事项	
157	3	3	3	4	起动电路无电故障的原因	
158	3	3	3	5	起动电路无电故障的处理方法	
159	3	3	3	6	起动电路无电故障处理的安全注意事项	
	4				叉车的维护与保养	

叉车司机（五级）

续表

职业（工种）名称				叉车司机	等级	五级
职业代码						
序号	鉴定点代码			鉴定点内容		备注
	章	节	目	点		
	4	1			维护与保养的基本内容及要求	
	4	1	1		概述	
160	4	1	1	1	维护保养的目的	
161	4	1	1	2	维护保养的原则	
162	4	1	1	3	维护保养的分级	
163	4	1	1	4	维护保养的基本要求	
164	4	1	1	5	维护保养的主要作业事项	
	4	2			日常维护与保养	
	4	2	1		日常维护与保养的工作内容及要求	
165	4	2	1	1	叉车发动前的检查要求	
166	4	2	1	2	叉车工作中的检查要求	
167	4	2	1	3	叉车停车后的检查要求	
168	4	2	1	4	叉车工作装置的保养要求	
169	4	2	1	5	叉车传动及操纵系统的保养要求	
170	4	2	1	6	叉车转向结构的保养要求	
171	4	2	1	7	叉车液压系统的保养要求	
172	4	2	1	8	叉车车轮的保养要求	
173	4	2	1	9	叉车电气及仪表的保养要求	
	4	3			一级维护与保养	
	4	3	1		一级维护与保养的工作内容及要求	
174	4	3	1	1	空气滤清器的检查要求	
175	4	3	1	2	燃油滤清器、燃油箱的检查要求	
176	4	3	1	3	机油滤清器的清洗要求	
177	4	3	1	4	气门间隙的调整要求	
178	4	3	1	5	点火提前角的检查要求	
179	4	3	1	6	油底壳机油的检查要求	

续表

职业（工种）名称				叉车司机	等级	五级
职业代码						
序号	鉴定点代码			鉴定点内容	备注	
	章	节	目	点		

序号	章	节	目	点	鉴定点内容	备注
180	4	3	1	7	怠速调整的要求	
181	4	3	1	8	冷却系的检查要求	
182	4	3	1	9	电气系统的检查要求	
183	4	3	1	10	工作装置的检查要求	
184	4	3	1	11	传动系统的检查要求	
185	4	3	1	12	转向机构的检查要求	
186	4	3	1	13	离合器、制动器及操纵机构的检查要求	
	4	4			叉车的常用材料	
	4	4	1		常用材料的种类和作用	
187	4	4	1	1	蓄电池的种类	
188	4	4	1	2	蓄电池的作用	
189	4	4	1	3	蓄电池的构造	
190	4	4	1	4	蓄电池的使用注意事项	
191	4	4	1	5	蓄电池正负极的识别	
192	4	4	1	6	常用蓄电池的型号和规格	
193	4	4	1	7	柴油牌号及适用范围	
194	4	4	1	8	汽油机油和柴油机油的选用	
195	4	4	1	9	齿轮油的分类	
196	4	4	1	10	齿轮油的适用范围	
197	4	4	1	11	润滑脂的分类	
198	4	4	1	12	润滑脂的适用范围	
199	4	4	1	13	润滑脂的使用注意事项	
200	4	4	1	14	液压油的分类与使用	
201	4	4	1	15	制动液的分类与使用	
202	4	4	1	16	制动液的使用注意事项	
203	4	4	1	17	轮胎的牌号、分类、规格及组成	

第3部分

理论知识复习题

叉车驾驶

一、判断题（将判断结果填入括号中。正确的填"√"，错误的填"×"）

1. 叉车作业的环境条件比较复杂，但气候变化对叉车作业没有影响。（   ）
2. 多装满载，提高货车载重利用率，节约车辆，是叉车作业的基本任务之一。（   ）
3. 按结构特点和使用要求的不同，叉车可分为电动叉车、双动力叉车和步行操作式叉车等。（   ）
4. 内燃动力叉车是以内燃机为动力提供作业所需能量的叉车。（   ）
5. 双动力叉车其主要动力形式有内燃式和液压式两种。（   ）
6. 步行操作式叉车是一种主要靠人的体能进行作业的叉车。（   ）
7. 为了保持叉车的纵向稳定性，平衡重式叉车一般在车体中部装有平衡重块。（   ）
8. 插腿式叉车的两前轮直径很小，承载能力不大，因此，该类叉车起升质量一般小于2 t。（   ）
9. 前移式叉车一般有两条前伸的支腿，而且具有两前轮较小、支腿较低的特点。（   ）
10. 侧叉式叉车可用于装卸、搬运长件货物，如型钢、木材等。（   ）
11. 集装箱式叉车在装卸和搬运10 t以上的集装箱时，货叉可直接插入集装箱底板的叉孔内。（   ）

12. 跨运车是一种高架式叉车。（　　）

13. 为减少汽油机和柴油机有害气体的排放，避免空气污染，液化石油气内燃机将会得到广泛使用。（　　）

14. 用来反映叉车的结构特征和运动性能的数据，称为叉车的技术参数。（　　）

15. 叉车的额定起升质量，是指当货物中心至货叉垂直段前壁的距离不大于载荷中心距时，所允许起升货物的最大质量。（　　）

16. 叉车的载荷中心距是指货叉上放置标准质量的货物，并确保叉车纵向稳定时，其重心至货叉垂直段前壁间的水平距离。（　　）

17. 叉车的最大起升高度，根据货物装卸搬运的具体需要而定，没有规定的标准。（　　）

18. 叉车的门架倾角是指无载叉车在平坦、坚实的地面上，门架相对于其垂直位置向前和向后倾斜的最大角度。（　　）

19. 叉车的最大起升速度通常指叉车在坚实的地面上满载时，货物举升的最大速度。（　　）

20. 叉车的最大行驶速度一般指叉车满载时，在干燥、平坦、坚实的地面上行驶时的最大速度。（　　）

21. 选用叉车时，其最大爬坡度应满足叉车作业的具体需要，即该值应不小于进出场地的最大坡度。（　　）

22. 叉车的最小转向半径是指叉车在无载低速转弯、转向轮处于最大转角时，外侧车轮中心线至转向中心的最小距离。（　　）

23. 叉车的最小离地间隙是指叉车满载低速行驶时，车体最低点与地面的间隙。（　　）

24. 叉车的外形尺寸包括叉车的总长、总宽和总高；货叉尾端至车体最后部的水平距离，称为叉车的总长。（　　）

25. 叉车型号编制的代号内容包括：改进代号、参数代号、传动形式代号、动力类型代号、结构形式代号等。（　　）

26. "CPCD160A"其含义表示：以柴油发动机为动力源、动液传动、额定起升质量16 t、同类同级第一次改进的平衡重式叉车。（　　）

27. 结构形式代号是叉车的型号编制内容之一,其中第一个字母"C"代表的是柴油机叉车。（ ）
28. 电瓶叉车是以交流电为动力的车辆,通常需要专门的充电设备。（ ）
29. 使用叉车作业可有效提高库房容积利用率。（ ）
30. 按动力源划分,电动叉车可分为以蓄电池为动力源的蓄电池叉车和以交流电为动力源的交流电叉车。（ ）
31. 电动叉车的结构与内燃叉车的结构大致相同。（ ）
32. 目前,国内关于电动叉车型号的编制方法只有一种,即原机械工业部颁发的"JB"标准。（ ）
33. 倾斜操纵杆是用来操纵叉车升降的机构,向前扳动则货叉下降,向后扳动则货叉上升。（ ）
34. 倾斜油缸手柄是用来控制门架前后倾斜的,如果向前扳动,则门向后倾斜。（ ）
35. 叉车电流表是用来指示蓄电池充电和放电情况的。（ ）
36. 叉车的机油压力表是用来指示发动机运转时润滑系主油道的机油存量,表上的刻度单位为"MPa"。（ ）
37. 正确驾驶和合理使用叉车将有助于减少机件磨损,从而延长叉车的使用寿命。（ ）
38. 在下车前,叉车司机应环视叉车的四周,在确认无异常情况后,才能下车。（ ）
39. 正确的驾驶姿势,能减轻叉车司机的劳动强度,但会对叉车各项构件的操纵和运用带来不便。（ ）
40. 在启动叉车发动机前,叉车司机应检查水量、机油平面、燃油量和储油量。（ ）
41. 发动机启动后,叉车司机应待水温升至规定要求并作各项检查后,方可挂挡起步。（ ）
42. 叉车柴油发动机需要停熄时,应先怠速运转数分钟,待机体得到均匀冷却后,再操纵停车手柄,使喷油泵柱塞转至不供油位置即可停熄。（ ）
43. 离合器踏板是离合器的操纵装置,用以控制离合器的分离与结合。（ ）
44. 行车制动器又称"脚制动",是车轮制动器的操纵装置,用来调节叉车行驶速度。（ ）

45．在操纵驻车制动器时，只要将操纵杆向前推，就可以起到驻车作用。（   ）

46．叉车司机在操纵加速踏板时，应以右脚跟为支点，脚掌轻踩在加速踏板上，用脚关节的伸屈动作踩下或放松。（   ）

47．转向盘是控制叉车行驶方向的装置，为了操作方便，转向盘上装有快、慢转手柄。（   ）

48．变速操作杆通常有1～2个前进挡和倒退挡，并且还设有一个空挡。（   ）

49．座椅调整杆的操作：设在坐垫下部的调整杆可使座椅沿滑轨左右移动到最适合的位置。（   ）

50．通常靠近转向盘的为起升阀杆，又称起升操纵杆。（   ）

51．叉车平稳起动后，叉车司机依然不能放松对离合器踏板的踩踏。（   ）

52．叉车在直线行驶时，一般通过不停地左右晃动转向盘，以实现修正路线的目的。（   ）

53．叉车司机在倒车中一旦发现目标偏移，应适时修正转向，以保证直线倒行。（   ）

54．为使叉车平稳停在预定地点，并保证车身平直，尽量不使用行车制动。（   ）

55．低速挡行驶速度慢，转矩大，适用于起步、爬坡、通过困难路段、取货、卸货、转弯等场合。（   ）

56．当叉车需要由高速挡换到低速挡时，为确保安全行驶，应先制动减速再进行换挡。（   ）

57．叉车的转向，是靠变动车速来实现的。（   ）

58．为了避免发生事故，叉车司机在操作中应尽量采用紧急制动。（   ）

59．在未设置非机动车信号灯和人行横道信号灯的路口，非机动车和行人可以优先通行。（   ）

60．在道路同方向划有两条以上机动车道的，左侧为慢速车道，右侧为快速车道。（   ）

61．机动车发生交通事故，造成道路、供电、通信等设施损毁的，驾驶人员应当报警等候处理，不得驶离。（   ）

62．以欺骗、贿赂等不正当手段取得机动车登记或驾驶许可的，申请人三年内不得申请

机动车登记或者机动车驾驶许可。（　）

63. 叉车驾驶人员应当做好出车前、行驶中和收车后的勤清洁、勤检查和勤调整工作。（　）

64. 行车速度越高越容易破坏车辆的操纵性和稳定性。（　）

65. 叉车行驶中，为了确保安全，凡遇到情况时尽可能使用紧急制动。（　）

66. 交通标志中的警告标志，是及时提醒驾驶人员前方道路线形和道路状况的变化，以便在到达危险点以后采取必要行动。（　）

67. 交通标志中的禁令标志是禁止、限制或遵行车辆、行人交通行为的标志。（　）

68. 在道路交通标志和标线中，指示标志分为道路遵行方向标志、道路通行权分配标志、专用标志三大类。（　）

69. 在道路交通标志和标线中，指路标志是用于传递道路方向、地点和距离信息的标志。（　）

70. 在道路交通标志和标线中，主要用于阻挡车辆及行人前进或指示改道的标志，是道路施工安全标志。（　）

71. 在道路交通标志和标线中，辅助标志是附设于主标志下起辅助说明作用的标志，但有时也可以单独设立。（　）

72. 道路交通标线是由标划于路面上的各种线条、箭头、文字、立面标记、突起路标和轮廓等所构成的交通安全设施。（　）

73. 职业是指适应社会的需要而产生的人们在社会生产和社会生活中对社会所承担的一定的职责和所从事的专门业务。（　）

74. 职业道德作为一种行为规范，与法律规范一样同属于经济基础范畴。（　）

75. 职业道德有助于促进社会各行各业的发展，从而推动社会主义物质文明建设。（　）

76. 热爱本职就是要求人们热爱自己所从事的事业，具体表现为对职业的责任感和自豪感。（　）

77. 叉车司机的职业守则是从业人员的灵魂，它统帅着叉车司机行车的全过程，它对叉车作业任务的完成起着重要的作用。（　）

二、单项选择题（选择一个正确的答案，将相应的字母填入题内的括号中）

1. 从事叉车作业的人员，应当把提高劳动生产率和（　　）效益，作为工作的基本任务之一。

   A. 工作　　　　　B. 经济　　　　　C. 人员　　　　　D. 管理

2. 叉车可分为前叉式叉车、前移式叉车和侧叉式叉车等，这种区分方法的依据是（　　）。

   A. 动力装置不同　　　　　　　　B. 使用燃料不同

   C. 稳定方法不同　　　　　　　　D. 机构特点不同

3. 叉车的类型很多，按其动力装置的不同，常用的叉车可分为内燃叉车和（　　）叉车两类。

   A. 电瓶　　　　　B. 液压　　　　　C. 气压　　　　　D. 油压

4. 内燃动力叉车还可以分为以汽油、柴油、液化石油气和（　　）为动力的叉车。

   A. 电动　　　　　B. 双动力　　　　C. 双燃料　　　　D. 煤油

5. 双动力叉车其主要动力形式是内燃式和（　　）。

   A. 蓄电池式　　　B. 电动式　　　　C. 电瓶式　　　　D. 直流电动机

6. 步行操作式叉车是一种主要靠（　　）进行作业的叉车。

   A. 人的情绪　　　B. 人的步行　　　C. 人的体能　　　D. 人的语言

7. 为了保持叉车的纵向稳定性，平衡重式叉车一般在车体的（　　）装有平衡重块。

   A. 前部　　　　　B. 后部　　　　　C. 中部　　　　　D. 下部

8. 插腿式叉车的优点是纵向尺寸小、转弯半径小、运行速度较低，因此，多采用（　　）。

   A. 电力驱动　　　B. 人力驱动　　　C. 机械驱动　　　D. 液化气驱动

9. 具有纵向尺寸小、转弯半径小、运行速度较低等特点的是（　　）叉车。

   A. 平衡式　　　　B. 插腿式　　　　C. 步行操作式　　D. 双动力

10. 由于侧叉式叉车的货物放在叉车的纵向位置，因此，货物的重心处于（　　）车轮之间。

    A. 前、后　　　　B. 两前　　　　　C. 两后　　　　　D. 左、右

11. 专用于集装箱装卸、搬运的叉车，是（　　）。
    A. 前移式叉车　　　B. 侧叉式叉车　　　C. 集装箱式叉车　　　D. 插腿式叉车
12. 集装箱式叉车装卸（　　）的集装箱时，货叉直接插入集装箱底板的叉孔内即可。
    A. 3 t 以下　　　B. 5 t 以下　　　C. 8 t 以下　　　D. 10 t 以下
13. 由于跨运车的重心高，所以其稳定性（　　）。
    A. 较差　　　B. 差　　　C. 较好　　　D. 很好
14. 通过油液把运动传给工作油缸，以达到装卸货物或转向目的的装置，称为（　　）。
    A. 动力装置　　　B. 工作装置　　　C. 液压装置　　　D. 底盘
15. 叉车的技术参数是用来反映叉车的结构特征和（　　）的。
    A. 工作性能　　　B. 机械性能　　　C. 材料性能　　　D. 燃料性能
16. 当货物体积庞大或货物在托盘上的位置不当，致使其重心超出规定的载荷中心距时，叉车的稳定性因此而（　　）。
    A. 变好　　　B. 变差　　　C. 变大　　　D. 变高
17. 叉车的载荷中心距是指货叉上放置标准质量的货物，并确保叉车纵向稳定时，其重心至货叉垂直段前壁间的水平距离，通常用（　　）表示。
    A. m　　　B. dm　　　C. cm　　　D. mm
18. 在叉车作业中，货物的重心与多种因素有关，在下列诸因素中，与货物的重心无关的因素是（　　）。
    A. 密度　　　B. 体积　　　C. 形状　　　D. 位置
19. 叉车的门架倾角是指无载叉车在平坦、坚实的地面上，门架相对于其垂直位置（　　）倾斜的最大角度。
    A. 向左和向右　　　B. 向上和向下　　　C. 向任意方向　　　D. 向前和向后
20. 叉车的最大起升速度，直接影响叉车的（　　），因此，提高叉车的起升速度是国内外叉车制造业技术改进的共同趋势。
    A. 作业要求　　　B. 作业条件　　　C. 作业效率　　　D. 工作对象
21. 叉车的货物下降速度，一般都（　　）叉车的货物起升速度。
    A. 小于　　　B. 大于　　　C. 等于　　　D. 小于或等于

22. 一般情况下,当对货物的搬运距离超过( )m时,则不宜采用叉车进行作业。
    A. 100   B. 500   C. 1 000   D. 1 500

23. 叉车的满载最大爬坡度是指叉车在干燥、坚实的路面上,以( )行驶所能爬越的最大坡度,以角度或百分数表示。
    A. 快速挡等速   B. 快速挡变速
    C. 低速挡等速   D. 低速挡变速

24. 叉车的最小转向半径是指叉车在( )转弯行驶,转向轮处于最大转角时,外侧车轮中心线至转向中心的最小距离。
    A. 无载高速   B. 无载低速   C. 满载高速   D. 满载低速

25. 叉车的最小离地间隙是指叉车( )行驶时,车体最低点与地面的间隙。
    A. 空载高速   B. 空载低速   C. 满载高速   D. 满载低速

26. 为了使叉车具有较好的机动性,其外形尺寸特别是( )应尽量减短。
    A. 车长   B. 车宽
    C. 车高   D. 车的长、宽、高

27. 门架垂直、货叉落至最低位置时,车体最上端至地面的垂直高度,称为叉车的( )。
    A. 总长   B. 总宽   C. 总高   D. 总重

28. "CPQ10B"其含义表示:以( )发动机为动力源、机械传动、额定起升质量1 t、同类同级叉车第二次改进的平衡重式叉车。
    A. 汽油   B. 柴油   C. 液化石油气   D. 蓄电池

29. 结构形式代号是叉车的型号编制内容之一,其中字母"P"代表的是( )叉车。
    A. 平衡重式   B. 侧叉式   C. 前移式   D. 插腿式

30. 结构形式代号是叉车的型号编制内容之一,其中字母"KX"代表的是( )叉车。
    A. 集装箱   B. 通用跨运   C. 集装箱跨运   D. 龙门跨运

31. 以蓄电池为动力的叉车,一般将其称为( )。
    A. 直流电叉车   B. 交流电叉车   C. 电力叉车   D. 电瓶叉车

32. 使用叉车可有效减轻劳动强度，节约劳动力，提高劳动生产率；据统计，一台叉车可以替代（　　）个装卸工人的体力劳动。
  A. 1~3　　　　　B. 3~5　　　　　C. 5~8　　　　　D. 8~15

33. 按动力源划分，电动叉车可分为蓄电池叉车和交流电叉车，其中，交流电叉车（　　）。
  A. 只有少数几种　　　　　　　　B. 已被广泛使用
  C. 将被逐步推广使用　　　　　　D. 在使用中逐步被淘汰

34. 电动叉车与内燃叉车相比，其结构（　　）。
  A. 完全相同　　　B. 大致相同　　　C. 完全不同　　　D. 大致不同

35. "CPD10A"是某一叉车的型号，其中"D"代表着叉车的动力类型，依据编制规则，它的动力类型属于（　　）。
  A. 汽油机　　　　B. 柴油机　　　　C. 液化石油气　　D. 蓄电池

36. "CQD1"表示额定起重量为1t的前移式电动叉车，其中动力类型代表蓄电池的代码是（　　）。
  A. C　　　　　　　B. Q　　　　　　　C. D　　　　　　　D. 1

37. 当叉车停车或紧急制动时，叉车司机除了使用行车制动外，还应同时使用（　　）操纵杆。
  A. 驻车制动　　　B. 自动　　　　　C. 换向　　　　　D. 加速

38. 在叉车行驶过程中，控制其制动的机构是（　　）。
  A. 停车按钮　　　B. 加速踏板　　　C. 行车制动　　　D. 离合器踏板

39. 电流表是用来表示蓄电池充、放电的，表示电流大小的单位是（　　）。
  A. A　　　　　　　B. V　　　　　　　C. N　　　　　　　D. T

40. 用来表示蓄电池电压大小的仪表是（　　）。
  A. 压力表　　　　B. 电流表　　　　C. 油压表　　　　D. 电压表

41. 就车时，当叉车司机进入驾驶室后，应（　　）握住转向盘上快转手柄。
  A. 左右手同时　　B. 左手　　　　　C. 右手　　　　　D. 随意

42. 下车时，叉车司机应在完成（　　）操作后，从驾驶室规定的一侧下车。

A. 停熄发动机　　　B. 手扶门框　　　C. 打开车门　　　D. 停车

43. 叉车司机在倒车时应（　　），且回头观察目标。
    A. 左右手都操纵转向盘
    B. 左手操纵转向盘，右手操纵行车制动
    C. 左手操纵转向盘，右手平放在靠背上方
    D. 右手操纵转向盘，左手平放在靠背上方

44. 在启动叉车发动机时，一次按下启动按钮的时间不得超过（　　）s。
    A. 5　　　　B. 10　　　　C. 15　　　　D. 20

45. 在启动叉车发动机时，再次按下启动按钮的间隔时间应不少于（　　）s。
    A. 5　　　　B. 8　　　　C. 15　　　　D. 20

46. 在停熄叉车发动机前，如果（　　），不仅增加机件的磨损，而且也浪费燃料。
    A. 拉紧驻车制动　　　　　　　　B. 换挡杆置于空挡
    C. 将叉齿落地　　　　　　　　　D. 猛踩加速踏板"轰车"

47. 叉车司机在操作离合器时，（　　）使用半联动或将脚放在踏板上。
    A. 可以长时间　　　　　　　　　B. 严禁长时间
    C. 严禁短时间　　　　　　　　　D. 可以短时间

48. 在操作叉车离合器踏板时，踩下踏板的动作要（　　），以实现叉车动力的切断。
    A. 缓慢进行　　　　　　　　　　B. 踩一半不能踩到底
    C. 迅速一次踩到底　　　　　　　D. 减速进行

49. 当叉车司机踩下行车制动踏板后，叉车的（　　）同时被制动。
    A. 右边两轮　　B. 左边两轮　　C. 前两轮　　D. 后两轮

50. 驻车制动器的操作机构，一般设置于（　　）。
    A. 行车制动器左侧　　　　　　　B. 转向器下方
    C. 离合器右侧　　　　　　　　　D. 转向器左部或右部

51. 在操作叉车加速踏板时，要做到（　　），从而调节喷油量，使发动机的转速发生变化。
    A. 忽踩忽放　　　　　　　　　　B. 猛踩猛放

C. 连续轻踩且缓缓抬起 D. 连续抖动

52. 叉车在平直道路上行驶时，操纵转向盘的动作要（　　），避免不必要的晃动。
    A. 双手紧握 B. 不断来回转动
    C. 平稳、柔和 D. 一手拉动，一手推送

53. 通过操作叉车变速操纵杆，可以实现叉车（　　），从而改变叉车的行驶速度。
    A. 发动机转速的变化 B. 动力传递的变化
    C. 运行方向的变化 D. 行驶路线的变化

54. 电动叉车换向杆的操作是使运动电动机（　　），以达到叉车改变运行方向的目的。
    A. 加速运转 B. 停车运转 C. 反向运转 D. 正向运转

55. 换向杆通常与变速杆排在一起，换向时（　　）状态下进行。
    A. 必须在完全停止 B. 可以在行驶
    C. 必须在慢速 D. 可以在任何

56. 当叉车起步时，如果离合器抬起过快或加速不够，都会造成（　　），从而影响叉车的平稳起步。
    A. 发动机熄火 B. 动力下降 C. 车辆抖动 D. 车辆冲动

57. 叉车在起步过程中如感到动力不足、发动机将要熄火时，应（　　），并适当加大油门，重新起步。
    A. 及时换入高挡位 B. 及时踩踏制动踏板
    C. 及时换入低挡位 D. 及时踩踏离合器踏板

58. 叉车在行驶过程中，由于受到路面凹凸不平的影响，很容易使转向轮产生偏斜，因此需要（　　）。
    A. 调整车速 B. 调整油量 C. 鸣喇叭示意 D. 修正方向

59. 直线倒车时，叉车司机应（　　）握住转向盘，身体斜坐。
    A. 左手 B. 右手 C. 左右手 D. 随意

60. 要实现平稳停车，叉车司机应根据车速的快慢、货物质量和体积大小，适当使用（　　）。
    A. 驻车制动器 B. 变速器 C. 转向盘 D. 行车制动器

61. 当叉车车速适合换挡时，叉车司机应立即抬起加速踏板，同时（　　）。

　　A. 转动转向盘　　　　　　　　　　B. 踩下离合器踏板

　　C. 踩下制动踏板　　　　　　　　　D. 鸣号示意

62. 当叉车需要由高速挡换到低速挡时，在前后两次操作离合器的中间，应（　　），使叉车以低速行驶。

　　A. 踩一脚制动　　　　　　　　　　B. 鸣一下喇叭

　　C. 加一脚空油　　　　　　　　　　D. 转一次转向盘

63. 叉车在行驶过程中，由高速挡换入低速挡的过程，称为（　　）。

　　A. 加挡　　　　B. 换挡　　　　C. 减挡　　　　D. 变挡

64. 叉车的减速或停车，是依靠司机操作制动装置来实现的，常见的制动方法有（　　）。

　　A. 驻车制动和紧急性制动　　　　　B. 停车制动和预见性制动

　　C. 行车制动和驻车制动　　　　　　D. 预见性制动和紧急性制动

65. 在机动车信号灯中，黄灯亮时，已经越过停止线的车辆可以（　　）。

　　A. 停车等候　　　B. 继续通行　　　C. 退回停止线　　　D. 转弯通行

66. 在人行横道信号灯中，红灯亮时，已经进入人行横道的行人可以（　　）。

　　A. 原地等候　　　B. 继续通过　　　C. 退出横道线　　　D. 转弯行走

67. 电瓶叉车的最高行驶速度不得超过每小时（　　）km。

　　A. 10　　　　B. 15　　　　C. 20　　　　D. 25

68. 公安机关交通管理部门调解交通事故损害赔偿争议的期限为（　　）日。

　　A. 7　　　　B. 10　　　　C. 15　　　　D. 30

69. 驾驶人员有饮酒、醉酒、服用国家管制的（　　）或者麻醉药品嫌疑的，应当接受测试、检验。

　　A. 消炎药品　　　B. 精神药品　　　C. 中医药剂　　　D. 外伤药品

70. 凡机动车行驶满（　　）km，应组织专业人员进行二级保养。

　　A. 3 000～4 000　　　　　　　　　B. 4 000～5 000

　　C. 5 000～6 000　　　　　　　　　D. 6 000～8 000

71. 为了确保安全行车，叉车司机一定要严格遵守车辆限速规定，叉车在厂区内行驶的限速一般为每小时（ ）km。

    A. ≤20　　　　　B. ≤15　　　　　C. ≤10　　　　　D. ≤30

72. 机动车辆在厂区内倒车，限速要求为每小时（ ）km。

    A. ≤2　　　　　B. ≤3　　　　　C. ≤4　　　　　D. ≤5

73. 交通标志中的警告标志，颜色为（ ）、黑边、黑图案，其形状为等边三角形，且顶角朝上。

    A. 红底　　　　　B. 蓝底　　　　　C. 黄底　　　　　D. 白底

74. 在道路交通标志和标线中，涉及禁止、限制或遵行车辆、行人交通行为的标志是（ ）。

    A. 指示标志　　　B. 指路标志　　　C. 禁令标志　　　D. 警告标志

75. 在道路交通标志和标线中，除个别标志以外，绝大多数为白底、红圈、红杠、黑图案的标志是（ ）。

    A. 指示标志　　　B. 指路标志　　　C. 禁令标志　　　D. 警告标志

76. 在道路交通标志和标线中，颜色为蓝底、白图案，形状是圆形、长方形和正方形的标志是（ ）。

    A. 指路标志　　　B. 交通标志　　　C. 指示标志　　　D. 警告标志

77. 在道路交通标志和标线中，主要用于传递道路方向、地点和距离信息的标志是（ ）。

    A. 指路标志　　　B. 交通标志　　　C. 指示标志　　　D. 辅助标志

78. 道路施工安全标志是主要用于阻挡（ ）前进或指示改道的标志。

    A. 车辆　　　　　B. 行人　　　　　C. 机械设备　　　D. 车辆及行人

79. 在道路交通标志和标线中，附设于主标志下起辅助说明作用，且不能单独设立的标志，是（ ）。

    A. 指路标志　　　B. 交通标志　　　C. 指示标志　　　D. 辅助标志

80. 由标划于路面上的各种线条、箭头、文字、立面标记、突起路标和轮廓等所构成的交通安全设施，称为（ ）。

A. 指路标志　　　B. 交通标线　　　C. 交通标志　　　D. 指示标志

81. 道路交通标线作用是管制引导交通，它（　　）。

　　A. 可以与实际配合使用，也可以单独设立

　　B. 只能与实际配合使用，不可以单独使用

　　C. 不能与实际配合使用，只能单独设立

　　D. 不能与实际配合使用，也不可单独使用

82. 由于人们从事着各种各样的生产活动，才形成了调整职业关系的职业道德，因此，职业道德是社会（　　）的产物。

　　A. 生活　　　B. 分工　　　C. 活动　　　D. 发展

83. 职业道德作用的发挥，会受到（　　）的限制。

　　A. 公有制　　　B. 私有制　　　C. 集体利益　　　D. 个人利益

84. 职业道德水平的提高，可以直接促进各行各业的发展，并对推动社会主义物质文明建设起着（　　）作用。

　　A. 一般　　　B. 重要　　　C. 关键　　　D. 巨大

85. 社会主义职业道德，是指人们待人、接物、处事的（　　）规范，要求人们懂得应该做什么，不应该做什么。

　　A. 操作　　　B. 行为　　　C. 工作　　　D. 管理

86. 作为叉车司机一定要牢固树立（　　）第一的思想。

　　A. 数量　　　B. 工作　　　C. 安全　　　D. 纪律

叉车作业

一、判断题（将判断结果填入括号中。正确的填"√"，错误的填"×"）

1. 合力不一定比分力大，也不一定比分力小，其大小要根据具体情况才能做出判断。（　　）

2. 力是物体间的相互作用，使物体的运动状态或形状发生改变。（　　）

3. 物体受到的力一般可分为两类，即一类称为主动力，另一类称为被动力。（   ）
4. 物体受到的力一般可分为两类，即一类称为主动力，另一类称为约束反力。（   ）
5. 合力与分力的大小比较，要根据具体情况才能做出判断。（   ）
6. 如果将物体放在地面上，其所产生对地面压力的大小就是物体重力的大小。（   ）
7. 左旋力矩之和等于右旋力矩之和，则杠杆平衡。（   ）
8. 左旋力矩之和等于右旋力矩之和，则杠杆不平衡。（   ）
9. 叉车的工作装置是叉车最重要的组成部分之一。（   ）
10. 货叉一般由合金钢40Cr锻成，货叉的表面必须耐磨。（   ）
11. 叉车的门架又称"内门架"，是由两个垂直支柱和上横梁焊接而成。（   ）
12. 门架一般位于叉车的前部，门架宽度越大，驾驶员的视野也就越好。（   ）
13. 叉车常用的链条是片式链和套筒滚子链，其中前者比后者的承载能力小，承受冲击载荷的能力也弱。（   ）
14. 叉车常用属具中的铲斗，在实际使用时一般适用于集装箱货物作业。（   ）
15. 叉车常用属具中的桶夹，在实际使用时一般适用于搬运各种桶形物件。（   ）
16. 叉车常用属具中的桶夹，在实际使用时一般适用于搬运各种圆形物件。（   ）
17. 叉车常用属具中的圆木夹，在实际使用时一般适用于装卸、搬运长大圆木，是一种应用比较少的属具。（   ）
18. 带推货器的货叉不适宜用于堆垛，因为它不能使货垛堆得非常整齐。（   ）
19. 在操纵升降操纵杆时，两眼应注视货叉上的货物，用余光观察叉车周围的情况。（   ）
20. 操纵升降操纵杆动作要柔和，避免突然前推或后拉操纵杆，以免损坏货物，发生人身和机械事故。（   ）
21. 叉车司机如果松开倾斜操纵杆，则门架会保持在一定位置不变。（   ）
22. 叉车司机在叉取货物后，应使门架在保持水平状态下起运。（   ）
23. 叉车司机在叉车作业中，应做到准确进叉，取放准确，转向准确。（   ）
24. 叉车司机只要有过硬的驾驶技能，就能确保装卸、堆运作业的安全、高效。（   ）
25. 叉车起步前，叉车司机必须观察叉车周围道路情况。（   ）

26. 叉车卸载货物时，叉车司机可根据被卸放货物的实际情况，分别采用抖动、翻动和"射箭"等方式进行。   （   ）

二、单项选择题（选择一个正确的答案，将相应的字母填入题内的括号中）

1. 力对物体的作用效果取决于（   ）。
   A. 物体的质量，力的大小、方向和作用点
   B. 力的大小、方向和作用线
   C. 物体的质量，力的大小、方向和作用线
   D. 力的大小、方向和作用点

2. 力是物体对物体的相互作用，力的作用效果是使物体的（   ）或形状发生改变。
   A. 运动状态   B. 运动时间   C. 运动空间   D. 运动速度

3. 物体的平衡是（   ）。
   A. 绝对的   B. 相对的
   C. 暂时的   D. 既相对，又绝对

4. 物体的平衡就是（   ）。
   A. 物体静止不动   B. 物体作匀速运动
   C. 物体作直线运动   D. 保持静止或作匀速直线运动

5. 两个力的合力，（   ）每一个分力。
   A. 不一定大于   B. 一定小于
   C. 一定大于   D. 大于或等于

6. 重力是（   ）对其附近物体的吸引力。
   A. 月亮   B. 太阳   C. 地球   D. 行星

7. 重心是物体各个部分重力（   ）的作用点。
   A. 力矩   B. 合力   C. 分力   D. 垂直力

8. 勾股定理表示的是，直角三角形的两个直角边的平方和等于（   ）的平方。
   A. 斜边   B. 另一直角边   C. 高   D. 对角线

9. 凡是在力的作用下，能绕某一点（支点）转动的物体，称为杠杆，杠杆可以用于改变力的（   ）。

A. 大小 B. 方向
C. 大小和方向 D. 大小、方向和作用点

10. （   ）是叉车工作装置的组成部分之一，它是滑架升降的驱动部分。
    A. 叉架　　　B. 货叉　　　C. 起升油缸　　　D. 倾斜油缸

11. 由于货叉应具有抗磨的能力和其他力学性能，因此，货叉必须进行（   ）。
    A. 油漆　　　B. 包装　　　C. 热处理　　　D. 退火

12. 叉车的叉架又称"属具架"，由上、下横梁，（   ）等部分组成。
    A. 挡货架 B. 导轮架
    C. 属具架 D. 挡货架及导轮架

13. 叉架是一个（   ）形状的结构。
    A. 正方　　　B. 框架　　　C. 三角　　　D. 圆弧

14. 叉车的起升链条是支撑（   ）质量，并带动叉架运动的重要挠性构件。
    A. 货物　　　B. 叉架和货物　　　C. 叉架　　　D. 叉车

15. 叉车常用属具中的铲斗，在实际使用时一般适用于（   ）的货物作业。
    A. 粉状、散粒　　　B. 小件　　　C. 大件　　　D. 包装

16. 叉车常用属具中的（   ），在实际使用时一般适用于粉状、散粒的货物作业。
    A. 挑杆　　　B. 铲斗　　　C. 桶夹　　　D. 圆木夹

17. 叉车常用属具中的（   ），在实际使用时一般适用于搬运较大的管型物件和环状物品。
    A. 挑杆　　　B. 铲斗　　　C. 桶夹　　　D. 圆木夹

18. 叉车常用属具中的（   ），在实际使用时一般适用于搬运各种桶形物件。
    A. 挑杆　　　B. 铲斗　　　C. 桶夹　　　D. 圆木夹

19. 叉车常用属具中的（   ），在实际使用时一般适用于装卸、搬运长大圆木，是一种应用比较多的属具。
    A. 挑杆　　　B. 铲斗　　　C. 桶夹　　　D. 圆木夹

20. （   ）便于堆垛，并使货垛堆得非常整齐。
    A. 带推货器的货叉 B. 翻箱器

C. 圆木夹　　　　　　　　　　　　D. 桶夹

21. 横移货叉或侧移器由液压油缸推动实现（　　）。
    A. 横向移动　　B. 左右移动　　C. 上下移动　　D. 前后移动

22. （　　）由液压油缸推动实现横向移动。
    A. 推货器　　　　　　　　　　　B. 横移货叉或侧移器
    C. 载荷稳定器　　　　　　　　　D. 转动属具

23. 叉车发动机的转速变化和倾斜阀杆的位置变化，可以改变叉车门架的（　　）。
    A. 上升速度　　B. 下降速度　　C. 倾斜速度　　D. 上升高度

24. 叉车在起运货物的过程中，货叉距离地面的高度应控制在（　　）mm。
    A. 100～200　　B. 200～300　　C. 300～400　　D. 400～500

25. 叉车司机在叉取货物操作中，在实施缓行进叉操作时，应将变速杆置于（　　）。
    A. 前进一挡　　B. 前进二挡　　C. 空挡　　　　D. 后退一挡

26. 叉车司机在卸放货物时，应（　　）倾斜操纵杆，使门架前倾，恢复至垂直位置。
    A. 向前推　　　B. 向后推　　　C. 向右推　　　D. 向左推

27. 叉车司机要确保安全作业，除了对叉车情况了如指掌外，还必须确保叉车（　　）。
    A. 整洁卫生　　B. 状态完好　　C. 外观好看　　D. 装备齐全

28. 当两辆叉车在同一方向行驶时，两辆叉车的前后车距应保持在（　　）。
    A. 0.5 m以上　B. 1 m以上　　C. 2 m以上　　D. 安全距离

29. 当需要用叉车进行爆炸品、毒害品、放射性物品作业的，在操作时其负荷应降低（　　）%。
    A. 15　　　　　B. 20　　　　　C. 25　　　　　D. 30

30. 叉车作业完毕后，应将叉车停放在（　　）。
    A. 仓库内　　　B. 指定地点　　C. 通道上　　　D. 坡道上

31. 叉车作业完毕后，要按规定进行（　　）和交接班工作。
    A. 日常保养　　B. 清洁工作　　C. 一级保养　　D. 更换机油

常见故障诊断

一、判断题（将判断结果填入括号中。正确的填"√"，错误的填"×"）

1. 叉车故障是指叉车部分或完全丧失工作能力的现象，即零部件本身或其相互配合状态发生异常变化。（　　）

2. 故障分析就是找出故障原因及部位的分析、判断、检查的过程。（　　）

3. 在对故障进行分析时，要根据故障的现象进行具体分析，并按由繁到简、由里及表的原则进行查找验证，直到找到故障所在。（　　）

4. 只要叉车司机注重对叉车的使用和保养，就可以事前预防和控制因机构失调引发的人为事故。（　　）

5. 内燃叉车的种类很多，有许多不同的分类方法，如果按所用燃料不同来划分，只有汽油机和柴油机两种。（　　）

6. 内燃发动机是将燃料引入汽缸内燃烧，再通过燃气膨胀推动活塞、曲柄连杆机构，从而输出机械能的冷力发动机。（　　）

7. 内燃发动机主要由曲柄连杆机构、配气机构、燃料供给系统、冷却系统、润滑系统、点火系统、启动系统等组成。（　　）

8. 内燃发动机的工作是由汽缸的进气、压缩、做功膨胀、排气四个过程循环来完成的，因此，这种内燃发动机可称为"四行程内燃机"。（　　）

9. 叉车发动机中的曲柄连杆机构，其功用是把燃气作用在活塞顶上的力转变为曲轴的转矩，对外输出机械能。（　　）

10. 活塞连杆组和曲轴飞轮组，属于曲柄连杆机构中的固定件部分。（　　）

11. 活塞连杆组由活塞、活塞环、活塞销、连杆等零件组成。（　　）

12. 气门式配气机构按照气门相对于汽缸的位置，可分为侧置式气门机构和顶置式气门机构。（　　）

13. 利用润滑油的黏性，将其附着于运动零件的表面，其目的是提高零件的密封性。（　　）

14. 柴油发动机的润滑系统主要由机油泵、水泵、输油泵、集滤器、冷却器等部分组成。（　　）

15. 柴油发动机的润滑系统主要由机油泵、细滤器、粗滤器、机油散热器、油底壳、油道和各种阀等部分组成。（　　）

16. 风冷却系是利用风扇向铸有散热片的汽缸和缸盖吹风，使热量散发到大气中，通常只用于功率大、汽缸数多的发动机。（　　）

17. 变更通过散热器的冷却水流量的方法，是在冷却水循环的通路中安装节温器。（　　）

18. 装在汽缸盖出水口处的节温器，其作用是随发动机冷却水温变化自动控制通过散热器的冷却水温度。（　　）

19. 装在汽缸盖出水口处的节温器，其作用是随发动机冷却水温变化自动控制通过散热器的冷却水容量。（　　）

20. 发动机要从静止状态转入工作状态，必须借助于外力驱动曲轴转动，直到发动机能自动维持稳定运转。（　　）

21. 启动系的作用是使发动机由运动状态迅速地进入到工作状态。（　　）

22. 叉车发动机的启动大多数采用压缩空气启动。（　　）

23. 汽油机点火系的作用，是按照汽缸的点火顺序定时地在火花塞两电极间产生足够能量的电火花，从而点燃压缩的可燃混合气。（　　）

24. 叉车柴油机燃料供给系统的功用之一是储存、滤清柴油。（　　）

25. 叉车柴油机燃料供给系统的功用是将大量柴油喷入燃烧室，使其与空气慢慢混合并燃烧，并将燃烧后的废气排入大气。（　　）

26. 柴油发动机的燃料供给系组成部分包括：柴油供给、空气供给、混合气形成及废气排出四个部分。（　　）

27. 柴油供给、空气供给和混合气形成，这三个部分组成了柴油发动机燃料供给系。（　　）

28. 柴油供给装置由空气滤清器、进气管和汽缸盖内的进汽缸等部分组成。（　　）

29. 空气供给装置由空气滤清器、进气管和汽缸盖内的进汽缸等部分组成。（　　）

30. 混合气形成装置由空气滤清器、进气管和汽缸盖内的进气道等部分组成。（　）

31. 混合气形成装置由燃烧室组成。（　）

32. 废气排出装置由汽缸盖内的排气道、排气管和消声器三个部分组成。（　）

33. 由汽缸盖内的排气道和排气管这两个部分组成的装置，是叉车柴油发动机的废气排出装置。（　）

34. 在输油泵的作用下，柴油从柴油箱中被吸出，并直接送往喷油泵，最后呈雾状喷入燃烧室，形成混合气，这一过程称为燃料供给系供油过程。（　）

35. 叉车在使用的过程中不可避免地会出现各种故障，其中发动机故障占相当的比例。（　）

36. 油路系统不正常会直接导致柴油发动机不能启动。（　）

37. 油路系统不正常会造成柴油机发动机启动后出现或行驶、或停顿的现象。（　）

38. 机油泵限压阀工作不正常，回油不畅，会造成机油压力过低。（　）

39. 气温过高、机油黏度大是造成机油压力过高的原因之一。（　）

40. 由于活塞环磨损过大，或因积炭弹性不足，造成机油窜入燃烧室，叉车排气会冒黑烟。（　）

41. 柴油发动机功率不足一般是由于供油不足、漏气严重、燃烧不良等原因造成的。（　）

42. 柴油机过热现象一般表现为机油温度、出水温度、排气温度升高等。（　）

43. 造成柴油发动机过热的原因主要是机油稀释变质、冷却不佳和燃烧不良等。（　）

44. 叉车机油耗量过大主要是由于活塞环与缸套磨损、机油上窜燃烧室、活塞环胶结、刮油性能变差、机油温度过高等原因造成的。（　）

45. 活塞环与缸套磨损、机油上窜燃烧室、活塞环胶结、刮油性能变差、机油温度过高等原因，会导致叉车发动机振动故障的产生。（　）

46. 缸套水封圈损坏、汽缸垫片漏水、缸盖或汽缸漏水，会造成机油进水，并致使机油呈乳白色泡沫故障的产生。（　）

47. 电路通常由电源、开关、导线连接组成。（　）

48. 习惯上把负电荷移动的方向定为电流的实际方向。（　）

49. 常用的电流单位有千安、安、毫安和微安。（　）

50. 要使导体中有持续电流通过，导体两端必须保持一定电位差，电位差通常把它定义为"电压"。（　）

51. 在导体的两端必须保持一定的电位差，电位差通常把它定义为"电流"。（　）

52. 实验证明：在温度不变的情况下，金属导体的电阻同它的长度成反比关系，同它的横截面成正比关系。（　）

53. 磁感应的方向和电流方向的关系可以用欧姆定律来确定。（　）

54. 在串联电路中流过每个电阻的电流相同，这是电阻串联的特点。（　）

55. 电路中各电阻两端电压相等，这是电阻并联的特点。（　）

56. 正弦交流电的三要素是：有效值、角频率、初相位。（　）

57. 正弦量每秒变化的次数叫做该正弦量的频率，常用字母"F"来表示。（　）

58. 触电对人的危险程度与电流的大小有关，但与电流通过人体的时间长短无关。（　）

59. 在做电气维护时，操作者不可使用金属杆直通柄顶的旋具（俗称通心旋具）。（　）

60. 在测量一个电路的电流时，电流表必须与这个电路串联。（　）

61. 为了使电流表的接入不影响电路中的原始状态，在操作时所选择的电流表本身内阻抗要尽量大。（　）

62. 操作者在测量一个电路的电压时，应与被测电压的电路或负载串联。（　）

63. 为了使电压表的接入不影响电路中的原始状态，在操作时所选择的电压表本身内阻抗要尽量大。（　）

64. 操作者在使用万用表测量直流电压与直流电流时，应注意多用表棒的极性。（　）

65. 当发动机一开始工作时，应过 2 min 后再将预热启动开关复位，使起动机齿轮回到原来的位置。（　）

66. 起动系统由三部分组成，即直流串激电动机、啮合传动机构和控制装置等。（　）

67. 起动系统中的直流串激电动机，在低转速时转矩很小，随着转速的升高，其转矩逐渐增大。（　）

68. 产生叉车灯光不亮故障的实质，不外乎灯泡损坏及线路断路、短路。（   ）
69. 产生叉车灯光不亮故障的实质，是灯泡损坏及线路的断路，而不是短路。（   ）
70. 对重新接好的断线处用绝缘胶带包好，其目的是为了防止再次发生断路现象。
（   ）
71. 在实施灯光不亮故障排除前，应穿好工作服，戴好工作帽，然后才能进行操作。
（   ）
72. 蓄电池无电是产生叉车起动电路无电故障的主要原因之一。（   ）
73. 叉车起动电路无电故障的产生，其原因是蓄电池无电。（   ）
74. 熔丝的容量可以根据实际情况进行自行选择。（   ）
75. 更换熔丝应符合原熔丝的核定容量，不得随意加大其容量。（   ）
76. 在对叉车电气系统进行维修时，应做到接线牢固、接触良好、元器件安装牢靠。
（   ）

二、单项选择题（选择一个正确的答案，将相应的字母填入题内的括号中）

1. 经验法是故障分析常用的方法之一，它从故障的（   ）入手，凭经验判断确定故障的原因。

　　A. 结果　　　　　　B. 对象　　　　　　C. 症状　　　　　　D. 设备

2. 导致叉车故障和隐患的因素有许多，其中操作者疏忽大意属于（   ）。

　　A. 环境条件的影响因素　　　　　　B. 叉车设计制造的影响因素
　　C. 人为的影响因素　　　　　　　　D. 叉车燃润油料品质的影响因素

3. 导致叉车故障和隐患的因素有许多，其中用假冒伪劣产品装配的叉车，使用后所出现的问题属于（   ）。

　　A. 环境条件的影响因素　　　　　　B. 叉车设计制造的影响因素
　　C. 人为的影响因素　　　　　　　　D. 叉车配件质量的影响因素

4. 在叉车故障原因中，只能延缓这类故障出现，而不能完全控制的故障原因是（   ）。

　　A. 本身内在质量　　　　　　　　　B. 运行条件恶劣
　　C. 使用和保养　　　　　　　　　　D. 运动副机件自然磨损

5. 叉车内燃发动机的种类很多，如果按（   ）不同可分为汽油机、柴油机、液化石油气内燃机等。

  A. 着火方式   B. 冷却方式   C. 所用燃料   D. 机械结构

6. 内燃机的种类很多，其点火方式也有所不同，汽油机属于其中之一，它的点火方式属于（   ）。

  A. 压燃式   B. 点燃式   C. 水冷式   D. 风冷式

7. 活塞离曲轴中心最远处与最近处之间的容积叫（   ）。

  A. 活塞行程   B. 汽缸总容积

  C. 汽缸工作容积   D. 燃烧室容积

8. 通过化油器使汽油和空气混合后被吸入发动机汽缸，再用电火花使它燃烧做功，这种发动机称为（   ）。

  A. 喷射式发动机   B. 压燃式发动机

  C. 点燃式发动机   D. 化油器式发动机

9. 通过喷油泵，喷油器将柴油直接喷入发动机汽缸，和早已被吸入汽缸内的空气混合，并在高压高温条件下自燃产生热能，这种发动机称为（   ）。

  A. 喷射式发动机   B. 压燃式发动机

  C. 点燃式发动机   D. 化油器式发动机

10. 叉车发动机中的曲柄连杆机构，它的零件可分为固定件与运动件两类，下列属于固定件的是（   ）。

  A. 活塞   B. 连杆   C. 汽缸套   D. 飞轮

11. 配气机构的功用是使（   ）得以及时进入汽缸，废气得以及时从汽缸排出。

  A. 新鲜可燃混合气   B. 氧气

  C. 天然气   D. 废气

12. 配气机构的功用是使新鲜可燃混合气得以及时进入汽缸，（   ）得以及时从汽缸排出。

  A. 氧气   B. 空气   C. 天然气   D. 废气

13. 按照气门相对于汽缸的位置，配气机构可分为（   ）气门机构。

  A. 气门式和侧置式   B. 气门式和顶置式

C. 侧置式和顶置式　　　　　　　　D. 气门式和配气式

14. 为了保证叉车发动机的正常工作，必须对相对运动零件表面加以润滑，其中利用循环的润滑油冲洗零件表面，带走磨屑等杂质，对发动机起到（　　）。

A. 润滑作用　　　B. 冷却作用　　　C. 清洗作用　　　D. 防锈作用

15. 柴油发动机的（　　）主要由机油泵、细滤器、粗滤器、机油散热器、油底壳、油缸和各种阀等组成。

A. 电气系统　　　B. 润滑系统　　　C. 冷却系统　　　D. 传动系统

16. 通常用于小功率、汽缸数少的发动机的冷却方法是（　　）。

A. 风冷却　　　B. 水冷却　　　C. 冰冷却　　　D. 自然冷却

17. 叉车汽油机工作时，可燃混合气在汽缸内燃烧，汽缸内的气体温度可高达（　　）℃左右。

A. 100　　　B. 1 000　　　C. 200　　　D. 2 000

18. 水冷却式内燃机，汽缸壁水套中的适宜温度为（　　）℃。

A. 55～65　　　　　　　　B. 65～75
C. 75～85　　　　　　　　D. 85～95

19. 借助于外力驱动曲轴转动，直到发动机自动维持稳定运转的全过程，称为发动机的（　　）。

A. 运动　　　B. 运转　　　C. 转动　　　D. 启动

20. 汽油发动机启动电动机所使用的蓄电池，其电压多为（　　）V。

A. 8　　　B. 12　　　C. 24　　　D. 36

21. 柴油发动机启动电动机所使用的蓄电池，其电压一般为（　　）V。

A. 8　　　B. 12　　　C. 24　　　D. 36

22. 属于汽油机点火系组成部分之一的是（　　）点火系。

A. 有触点蓄电池　　　　　　　　B. 有触点电子
C. 无触点蓄电池　　　　　　　　D. 无触点电子

23. 从柴油箱到喷油泵入口的这段油路中，其油压力为100～150 kPa，故这段油路称为（　　）。

A. 低压油路　　　　B. 高压油路　　　　C. 前置油路　　　　D. 后置油路

24. 柴油发动机燃料供给系，由柴油供给、空气供给、混合气形成及（　　）等部分组成。

　　A. 输油泵　　　　B. 废气排出　　　　C. 喷油泵　　　　D. 柴油滤清器

25. 柴油供给装置，由柴油箱、输油泵、（　　）、喷油泵、喷油器、低压油管、高压油管等部分组成。

　　A. 柴油供给　　　　B. 废气排出　　　　C. 空气供给　　　　D. 柴油滤清器

26. 叉车发动机中的空气供给装置，由（　　）、进气管和汽缸盖内的进气道等部分组成。

　　A. 柴油滤清器　　　　B. 空气滤清器　　　　C. 输油泵　　　　D. 喷油泵

27. 叉车发动机中的（　　）装置，由空气滤清器、进气管和汽缸盖内的进气道等部分组成。

　　A. 柴油供给　　　　B. 空气供给　　　　C. 混合气形成　　　　D. 废气排出

28. 叉车发动机中的废气排出装置，由汽缸盖内的排气道、排气管和（　　）三个部分组成。

　　A. 消声器　　　　B. 空气滤清器　　　　C. 柴油滤清器　　　　D. 废气滤清器

29. 燃料供给系供油的过程：在输油泵的作用下，柴油从柴油箱中被吸出，经滤清器滤清后送往喷油泵，最后呈（　　）喷入燃烧室，从而形成混合气。

　　A. 水状　　　　B. 水滴状　　　　C. 雾状　　　　D. 混合状

30. 在输油泵的作用下，柴油从柴油箱中被吸出，经滤清器滤清后送往喷油泵，最后呈雾状喷入燃烧室，从而形成混合气，这个过程称为（　　）过程。

　　A. 燃料供给系供油　　　　　　　　B. 发动机润滑系润滑
　　C. 汽油机点火系点火　　　　　　　D. 发动机冷却系冷却

31. 蓄电池电量不足或接头松弛，会导致（　　），从而柴油机发动机不能启动。

　　A. 油路不正常　　　　　　　　B. 压缩压力不够
　　C. 启动转速低　　　　　　　　D. 排气不正常

32. 输油泵不供油会造成（　　），从而导致柴油发动机不能启动。

A. 压缩压力不够 B. 启动转速低
C. 油路不正常 D. 排气不正常

33. 机油压力过高、过低或无压力，都属于机油压力不正常现象，其中造成压力过高的原因之一是（　　）。

    A. 机油油面过低 B. 机油变质变稀
    C. 机油泵间隙过大 D. 机油黏度大

34. 当喷油压力太低、雾化不良、有滴油现象时，叉车排气时会冒（　　）。

    A. 黑烟 B. 白烟 C. 蓝烟 D. 黄烟

35. 造成柴油发动机功率不足的因素有许多，（　　）是其中之一。

    A. 机油油面过高 B. 喷油压力太低
    C. 气门密封不良 D. 燃油系统有空气

36. 如果喷油泵精密偶件磨损过度而造成供油不足，会导致柴油发动机（　　）。

    A. 不能启动 B. 功率不足
    C. 出现不正常声响 D. 振动严重

37. 造成叉车机油耗量过大的原因有许多，（　　）是其中原因之一。

    A. 机油黏度过低 B. 机油黏度过高
    C. 机油数量过大 D. 机油数量过小

38. 缸套水封圈损坏、汽缸垫片漏水、缸盖或汽缸漏水，会造成机油进水，并致使机油出现（　　）。

    A. 蓝色泡沫 B. 青色泡沫 C. 乳黄色泡沫 D. 乳白色泡沫

39. 缸套水封圈损坏、汽缸垫片漏水、缸盖或汽缸漏水，会造成机油进水，并致使机油出现（　　）现象。

    A. 油面降低 B. 油面升高 C. 减少 D. 增加

40. 凡是将化学能、机械能、太阳能等非电能量转换成（　　）的供电设备和器件，都称为电源。

    A. 动能 B. 电能 C. 力能 D. 光能

41. 电流的单位是（　　）。

A. 安培　　　　B. 伏特　　　　C. 欧姆　　　　D. 瓦特

42. 电压的单位是（　　）。

　　A. 安培　　　　B. 伏特　　　　C. 欧姆　　　　D. 瓦特

43. 电阻的单位是（　　）。

　　A. 安培　　　　B. 伏特　　　　C. 欧姆　　　　D. 瓦特

44. 如果已知磁感线的方向，用（　　）可判定出直导体中电流的方向。

　　A. 欧姆定律　　　　　　　　　B. 右手螺旋定则

　　C. 左手定则　　　　　　　　　D. 基尔霍夫定律

45. 通电直导线周围存在着磁场，磁场方向与（　　）方向有关。

　　A. 电流　　　　B. 电压　　　　C. 电阻　　　　D. 电动势

46. 正弦交流电的三要素是：（　　）、角频率、初相位。

　　A. 峰值　　　　B. 有效值　　　C. 负载的阻值　　D. 时间

47. 在一般情况下，行灯、机床照明灯等，都应使用（　　）V及以下的安全电压。

　　A. 24　　　　　B. 36　　　　　C. 110　　　　　D. 220

48. 根据接触导线的数目不同，触电方式可分为两种，即（　　）。

　　A. 单相触电和两相触电　　　　B. 两相触电和三相触电

　　C. 三相触电和四相触电　　　　D. 单相触电和三相触电

49. 当操作者需要使用电笔时，应当在使用（　　）在有电的电源上检查氖管能否正常发光。

　　A. 前　　　　　B. 中　　　　　C. 后　　　　　D. 前和后

50. 为了使电流表的接入不影响电路中的原始状态，在操作时所选择的电流表本身内阻抗要尽量（　　）。

　　A. 小　　　　　B. 大　　　　　C. 不大不小　　　D. 可大可小

51. 操作者在测量一个电路的电压时，电压表应跨接在被测电压的两端之间，即与被测电压的电路或负载（　　）。

　　A. 并联　　　　B. 串联　　　　C. 短路　　　　D. 断路

52. 为了得到准确的测量结果，在使用万用表之前操作者应注意将其指针调整至

( )。

    A. 最大值   B. 最小值   C. 零位   D. 中间值

53. 起动机每次起动时间不超过（ ）s。

    A. 5   B. 10   C. 20   D. 30

54. 起动机两次起动之间的间隔时间最少为（ ）s 以上。

    A. 5   B. 10   C. 20   D. 30

55. 叉车在长期使用中，由于行驶颠簸和清洗车辆，难免会出现前车灯等搭铁（ ），致使回路电阻值增大。

    A. 接触紧密   B. 接触不良   C. 无法接触   D. 接触良好

56. 当检查发现线路有断路现象时，操作者应重新接好断线之处，同时必须用（ ）包好，以防止短路现象发生。

    A. 玻璃胶   B. 绝缘胶布   C. 封箱带   D. 医用橡皮胶

57. 在遇到叉车灯光不亮故障时，操作者首先应检查（ ）。

    A. 灯泡是否接触良好   B. 线路是否有断路或短路

    C. 灯泡熔断器是否烧断   D. 搭铁是否可靠

58. 在检查、排除灯光不亮故障时，应注意（ ），以避免碰手。

    A. 操作空间   B. 操作平台   C. 操作时间   D. 操作手段

59. 要正确检修起动电路无电故障，必须了解起动电路的原理和元器件的（ ）。

    A. 作用   B. 特点   C. 原理   D. 意义

60. 在遇到起动电路无电故障时，一般的处理方法是：首先应检查（ ）。

    A. 蓄电池是否无电   B. 元器件是否损坏

    C. 线路是否有断路和短路   D. 熔丝是否烧断

61. 在排除起动电路无电故障时，为了防止损坏工具及人身伤害，在正确选择量具的同时，还应合理选择（ ）。

    A. 工作服   B. 工作帽   C. 量程   D. 量点

叉车的维护与保养

一、判断题（将判断结果填入括号中。正确的填"√"，错误的填"×"）

1. 叉车的维护、检修工作，是保证叉车技术状态良好，完成装卸运输任务的关键所在。（　　）

2. 叉车维护保养的基本原则是"预防为主、强制维护"。（　　）

3. 叉车维护保养的基本原则是"预防为主、定点维护"。（　　）

4. 对叉车进行维护保养时，全部润滑油嘴、油杯等应齐全和有效，并有选择性地对部分润滑部位按要求加注润滑油。（　　）

5. 在对叉车进行维护保养时，要严格遵守维护作业的操作规程，务必确保安全生产。（　　）

6. 走合维护、换季维护和封存维护，属于叉车维护等级中的定期维护。（　　）

7. 叉车维护保养是一项预防性的作业，其主要内容包括清洁、检查、紧固、润滑、调整等维护与保养工作。（　　）

8. 叉车在发动前，应检查曲轴箱机油量，如发现不足时，应及时添加至规定油量。（　　）

9. 叉车发动前对蓄电池的检查，就是看其电解液是否充足，如果不足时添加满即可。（　　）

10. 发动机在怠速运转中，如出现敲击声应认定为正常现象。（　　）

11. 叉车司机在发动机怠速运转稳定后，应检查各仪表指示数是否正常。（　　）

12. 日常停车后，叉车司机应检查并更换全机附件。（　　）

13. 在撬动门架导轮后，如果仍发现有松动的现象，则说明对其的维护保养已符合技术要求。（　　）

14. 在对离合器踏板进行日常保养检查时，要求自由行程符合规定标准。（　　）

15. 当叉车在平整硬路面，空车以 20 km/h 初速情况下，要确保制动距离不大于 8 m，且无明显跑偏。（　　）

16. 叉车的机械转向机构，其转向盘的自由转角应不大于80°。（　）
17. 对机械式转向机构性能的检查，要求在运行中转向平稳、轻松、工作可靠。（　）
18. 对液压系统运转中的检查，只要保证安全阀作用可靠即可，无须检查其他部位。（　）
19. 在对叉车进行日常保养检查时，对轮毂螺栓和轮辋螺栓的检查要求是不应有缺少、损坏和松动。（　）
20. 机油压力表是主要仪表之一。（　）
21. 日常保养要求对仪表进行润滑。（　）
22. 在一级保养时，对纸质空气滤清器滤芯，可用清洗油清洗。（　）
23. 在一级保养时，对油浴式空气滤清器滤网，可用清洗油清洗。（　）
24. 在清洗柴油燃油滤清器和燃油箱时，应选用汽油进行清洗。（　）
25. 在清洗磁性滤网式机油滤清器时，通常应分解滤芯后进行清洗。（　）
26. 检查气门间隙应在气门完全关闭，挺杆至最高位置时进行。（　）
27. 调整气门间隙，可在活塞处于压缩行程上止点时，逐缸调试。（　）
28. 发动机中速运转且水温达到一定温度时，若加速，当有明显延续时间稍长的爆震声时，即可判断点火提前角过大。（　）
29. 发动机中速运转且水温达到一定温度时，若加速，当加速过程中听不到爆震声，且加速十分缓慢时，则说明点火提前角过大。（　）
30. 在检查油底壳机油时，如发现机油黏度比新机油增加或减少15％时，应该更换机油。（　）
31. 调整发动机怠速可在冷车时进行。（　）
32. 散热器不应有泄漏现象。（　）
33. 一级保养时，应按规定更换水泵。（　）
34. 蓄电池充足电后，15℃电解液的密度为1.26～1.29 g/cm^3。（　）
35. 在对叉车进行一级保养时，必须更换发电机。（　）
36. 在对叉车进行一级保养时，如发现轴承损坏、门架导轮失圆，应及时进行修复或调换。（　）

37. 传动系统一级保养的内容，主要是检查驱动桥和变速器。（　）
38. 对机械转向机构进行一级保养，其主要内容是检查、调整转向机构各部位间隙。
（　）
39. 全液压转向器转向盘的自由转动角应小于50°。（　）
40. 在对叉车进行　级保养时，检查和调整离合器的要求之一是分离轴承与分离杠杆端面间隙应在3~4 mm。（　）
41. 对制动器及操纵机构进行一级保养的主要内容是清洁。（　）
42. 铅蓄电池具有制造费用低、内阻小、供出电流也小，所以在叉车中使用得较少。
（　）
43. 采用电起动的内燃机，蓄电池可以在短时间内输送200~600 A的强电流，以供起动机起动之用。（　）
44. 蓄电池由正极板、负极板、隔板、容器以及电解液等部分组成。（　）
45. 蓄电池正极板的活性物质是碱性铅，负极板的活性物质是二氧化铅。（　）
46. 蓄电池外部应经常保持清洁，溅出的电解液及灰尘应及时清洗干净，以免各单电池之间短路放电。（　）
47. 接线柱与导线夹之间如有氧化物应及时清除干净，安装牢固，并在接线柱与导线夹的表面涂上一薄层油漆，以防止氧化。（　）
48. 蓄电池在长期使用中可能会失去极性标记，此时可用直流电压表测量。（　）
49. "6-Q-60"为常用的蓄电池型号，其中"Q"表示该蓄电池是作为起动用的。
（　）
50. 国产0号柴油适用气温为5℃以上，因此，全国使用期为每年的4~9月份，长江以南地区冬季也可使用。（　）
51. 牌号为10号的柴油适用全国冬季使用。（　）
52. 汽油机油合成6号适用于－35℃左右的寒区工程机械。（　）
53. 柴油机油8号适用于夏季磨损较严重的柴油发动机工程机械。（　）
54. 普通车辆齿轮油（GL-3）采用SAE黏度，分为80 W/90、85 W/90和90三个牌号。（　）

55. 普通车辆齿轮油，长江以南地区全年使用。（ ）

56. 蓄电池车辆主要使用的是钙基脂，它是由动植物与石灰制成的稠化中等黏度的矿物油制成。（ ）

57. 润滑脂中的钙基脂是我国目前生产最少的一种润滑脂，也是在机械润滑上较少使用的一种润滑脂。（ ）

58. 1号润滑脂一般适用于集中给脂系统和汽车底盘摩擦槽，其最高使用温度为55℃。（ ）

59. 4号润滑脂一般适用于重负荷、低转速的重型机械设备，其最高使用温度为75℃。（ ）

60. 一般使用要求较高的精密轴承，不应使用锂基脂，而应选用钙基脂。（ ）

61. 液压油是液压传动系统中不可缺少的工作介质。（ ）

62. 在叉车制动系统中，凡使用液压制动系统的均使用制动液，目前制动液的类型只有醇型制动液一种。（ ）

63. 汽车制动液按原料工艺的不同，分为醇型汽车制动液和合成型汽车制动液两类。（ ）

64. 醇型制动液的低温黏度大，因此，只能在严寒地区使用。（ ）

65. 醇型汽车制动液的沸点较低，在高温工作条件下易产生气阻。（ ）

66. 汽车外胎由帘布层、缓冲层、胎面、胎侧和胎圈等部分组成。（ ）

二、单项选择题（选择一个正确的答案，将相应的字母填入题内的括号中）

1. 叉车维护保养的目的之一，在于使叉车经常处于完好状态，随时可以出车，提高车辆的（ ）。

    A. 行车安全   B. 车容整洁   C. 完好率   D. 定期检测

2. 定期对叉车进行维护作业，保持车容整洁，及时发现并消除故障隐患，能够防止叉车（ ）。

    A. 早期损坏   B. 中期损坏   C. 后期损坏   D. 长期损坏

3. 在叉车维护保养时，如发现主要零件的螺纹部分有变形或拉长时，则应（ ）。

    A. 继续使用   B. 修理后使用

C. 办理好手续后使用　　　　　　D. 不可使用

4. 叉车的日常维护以清洁机械、外部检查为主要内容，通常由（　　）在每次作业前后进行。

　　A. 机修人员　　　　　　　　　B. 辅助人员
　　C. 指定人员　　　　　　　　　D. 叉车司机本人

5. 对叉车进行的一级维护属于叉车维护保养中的（　　）。

　　A. 日常维护　　B. 定期维护　　C. 走合维护　　D. 换季维护

6. 清洁作业是提高车辆维护质量，减轻机件磨损，降低油脂和材料消耗的（　　）。

　　A. 基础　　　　B. 目的　　　　C. 根本　　　　D. 宗旨

7. 在冬季0℃以下地区，叉车停车后应该将全部冷却水放净，待重新作业前再加注（　　）℃以上的温水。

　　A. 60　　　　　B. 70　　　　　C. 80　　　　　D. 99

8. 叉车司机在工作中，应检查叉车有无（　　）现象，必要时要调整修理。

　　A. 漏油、漏水、漏气、漏电　　　B. 漏油、漏物、漏气、漏电
　　C. 漏油、漏水、漏物、漏气　　　D. 漏雨、漏油、漏气、漏电

9. 对于刮片式的机油粗滤器，叉车司机应当在每日的作业完毕后，拧动粗滤器手柄（　　）圈。

　　A. 1～2　　　　B. 3～4　　　　C. 5～6　　　　D. 7～8

10. 在对叉车进行保养检查时，应确保货叉与挂臂的夹角不大于（　　）。

　　A. 60°　　　　B. 70°　　　　C. 80°　　　　D. 90°

11. 在对叉车进行保养检查时，应确保两叉尖高低差不得大于（　　）mm。

　　A. 5　　　　　B. 6　　　　　C. 9　　　　　D. 10

12. 机械式转向机构转向盘的轴向间隙，应不大于（　　）mm。

　　A. 1　　　　　B. 2　　　　　C. 3　　　　　D. 5

13. 当叉车的货叉在最低位置时，其液压油油面距油箱上平面的距离应控制在（　　）mm左右。

　　A. 20　　　　　B. 30　　　　　C. 50　　　　　D. 60

14. 当叉车液压油油面距油箱上平面距离被控制在 50 mm 左右时，货叉的位置应当处于（　　）。

   A. 最高　　　　B. 最低　　　　C. 居中　　　　D. 不确定

15. 当叉车处在运行状态时，车轮转动不应有（　　）。

   A. 发热现象　　B. 倒转现象　　C. 转向现象　　D. 摇摆现象

16. 在对叉车各种仪表进行检查时，其技术要求是（　　）。

   A. 清洁　　　　B. 美观　　　　C. 工作正常　　D. 功能齐全

17. 在清除纸质空气滤清器滤芯上尘土时，可用（　　）MPa 压缩空气，从空气流动的相反方向吹。

   A. 0.01～0.02　　　　　　　　B. 0.02～0.03
   C. 0.04～0.05　　　　　　　　D. 0.05～0.06

18. 清洗柴油燃油箱时，禁用的清洗剂是（　　）。

   A. 煤油　　　　B. 火油　　　　C. 汽油　　　　D. 洗洁精

19. 在装复离心式机油滤清器时，一般要求转子体与转子之间的密封圈完好无损，紧固螺母的拧紧力矩为（　　）N·m。

   A. 9～19　　　B. 29～49　　　C. 59～69　　　D. 79～89

20. 当机油滤清器安装完好时，应当在发动机中速运转 1～2 min，且停机后在（　　）min 内能够持续听到转子因惯性所保持的运转声。

   A. 1～2　　　　　　　　　　　B. 2～3
   C. 3～4　　　　　　　　　　　D. 4～5

21. 在检查汽油机点火正时，其白金接触间隙的调整范围是（　　）mm。

   A. 0.20～0.45　　　　　　　　B. 0.25～0.45
   C. 0.30～0.45　　　　　　　　D. 0.35～0.45

22. 夏天，当油底壳中的机油混入燃油数量达到（　　）时，应该更换新机油。

   A. 1%　　　　 B. 3%　　　　 C. 5%　　　　 D. 8%

23. 当油底壳机油中沉淀物含量达到（　　）时，应该更换新机油。

   A. 1.0%　　　B. 2.0%　　　C. 2.5%　　　D. 3.5%

24. 叉车在（500±50）r/min 范围内的转速，是发动机在（　　）情况下的转速。
    A. 怠速　　　　　　B. 低速　　　　　　C. 中速　　　　　　D. 高速
25. 检查风扇带松紧度的按力，应为（　　）N。
    A. 5～10　　　　　B. 15～25　　　　　C. 30～40　　　　　D. 45～50
26. 蓄电池液面应高于极板（　　）mm。
    A. 1～5　　　　　　B. 10～15　　　　　C. 20～30　　　　　D. 35～40
27. 叉车工作装置中的门架与叉架的前后间隙，不应大于（　　）mm。
    A. 1　　　　　　　B. 2　　　　　　　C. 4　　　　　　　D. 5
28. 变速器在完成一级保养后，应传动平稳，无异常噪声，各部位紧固件牢固，无漏油现象，且（　　）现象。
    A. 无异味　　　　　B. 无脱挡　　　　　C. 空挡无抖动　　　D. 加速无抖动
29. 变速器在完成（　　）后，应传动平稳，无异常噪声，各部位紧固件牢固，无脱挡现象。
    A. 日常保养　　　　B. 一级保养　　　　C. 例行保养　　　　D. 二级保养
30. 经一级保养后，离合器的分离轴承与分离杠杆端面间隙应在（　　）mm。
    A. 1～2　　　　　　B. 2～3　　　　　　C. 3～4　　　　　　D. 4～5
31. 蓄电池分两大类，一类是酸性蓄电池，另一类是（　　）。
    A. 铅蓄电池　　　　B. 碱性蓄电池　　　C. 铁镍蓄电池　　　D. 镉镍蓄电池
32. 蓄电池分两大类，一类是碱性蓄电池，另一类是（　　）。
    A. 铁镍蓄电池　　　B. 镉镍蓄电池　　　C. 铅蓄电池　　　　D. 酸性蓄电池
33. 蓄电池的作用是当发电机因（　　），所发出的电压较低或内燃机不工作而不能满足用电设备的要求时，由蓄电池作为电源向外供电。
    A. 转速快　　　　　B. 转速高　　　　　C. 停止转动　　　　D. 转速低
34. 采用电起动的内燃机，蓄电池可以在短时间内输送（　　）A的强电流，以供起动机起动之用。
    A. 200～600　　　　B. 200～800　　　　C. 300～600　　　　D. 300～800
35. 蓄电池正极板的活性物质是（　　）。

A. 二氧化铅　　　B. 二氧化硫　　　C. 碱性铅　　　D. 硫酸

36. 应经常检查蓄电池电压或电解液密度，正常使用的电解液密度为（　）g/cm³。

　　A. 1.205　　　B. 1.235　　　C. 1.255　　　D. 1.285

37. 蓄电池在长期使用中可能会失去极性标记，此时极柱呈（　）的为正极。

　　A. 淡黄色　　　B. 淡红色　　　C. 淡灰色　　　D. 棕褐色

38. 蓄电池在长期使用中可能会失去极性标记，此时极柱呈（　）的为负极。

　　A. 淡黄色　　　B. 淡红色　　　C. 淡灰色　　　D. 棕褐色

39. 常用蓄电池的额定电压均为（　）V。

　　A. 6　　　B. 8　　　C. 10　　　D. 12

40. 每个蓄电池单体的端电压在正常充电时为（　）V，在完全放电时降为1.7 V。

　　A. 2.0　　　B. 2～2.1　　　C. 2～2.2　　　D. 2～2.3

41. 牌号为0号的柴油，其凝点不高于（　）℃，适用于全国4～9月份，在长江以南地区冬季也可使用。

　　A. 10　　　B. 0　　　C. −10　　　D. −20

42. 冬季工程机械和新出厂的工程机械，适用（　）号汽油机油。

　　A. 合成6　　　B. 6D　　　C. 16　　　D. 6

43. 牌号为"80 W/90"的车辆齿轮油，在我国车辆齿轮油分类中属于（　）车辆齿轮油。

　　A. 普通　　　B. 轻负荷　　　C. 中等负荷　　　D. 重负荷

44. 我国车辆齿轮油分为普通车辆齿轮油、中等负荷车辆齿轮油和重负荷车辆齿轮油三种，其划分的依据是（　）。

　　A. 按使用车辆　　　B. 按使用季节　　　C. 按使用性能　　　D. 按使用地区

45. 适用于夏季使用，具有双曲线齿轮传动装置的汽车、工程机械的齿轮油是（　）号双曲线齿轮油。

　　A. 18　　　B. 20　　　C. 22　　　D. 28

46. 适用于严寒地区，一般或具有双曲线齿轮传动装置的汽车、工程机械的齿轮油是（　）号合成双曲线齿轮油。

A. 18   B. 20   C. 22   D. 28

47. 钙基脂具有抗水性好、湿水不易乳化、外观呈均匀油膏状等特点，其使用温度范围一般为（　　）℃。

　　A. -10~+50   B. -10~+60   C. -10~+70   D. -20~+60

48. 2号润滑脂，一般适用于中转速、轻负荷、中小型机械的滚动轴承和汽车、叉车的轮毂轴承，其最高使用温度为（　　）℃。

　　A. 55   B. 60   C. 65   D. 75

49. 在给电动机轴承腔装脂时，一般只装（　　）即可。

　　A. 1/3~2/3   B. 1/3~1/2   C. 1/4~1/2   D. 1/4~3/4

50. 在给电动机轴承腔装脂时，如果装脂过多，则会增加摩擦阻力，从而使（　　）。

　　A. 轴承变冷，增大耗电量　　　　　　B. 轴承变热，减少耗电量
　　C. 轴承变冷，减少耗电量　　　　　　D. 轴承变热，增大耗电量

51. 液压油泵的中高压液压系统，一般都使用（　　）。

　　A. 普通液压油　　　　　　　　　　　B. 抗磨液压油
　　C. 低温液压油　　　　　　　　　　　D. 矿油型液压油

52. 重负荷、高压的叶片泵、柱塞泵和齿轮泵的液压系统，一般都使用（　　）。

　　A. 普通液压油　　　　　　　　　　　B. 抗磨液压油
　　C. 低温液压油　　　　　　　　　　　D. 合成型液压油

53. 高速、大功率、重负荷和制动频繁车辆的液压制动系统，一般都使用（　　）。

　　A. 汽车制动液   B. 刹车油   C. 合成制动液   D. 醇型制动液

54. 醇型汽车制动液易挥发、易燃，因此，包装要密封，保管和使用时要注意防止（　　）。

　　A. 烟火   B. 日晒   C. 雨淋   D. 变质

55. "9.00-2z"代表的是子午线轮胎，其"9.00-20zG"则表示的是（　　）子午线轮胎。

　　A. 铜丝   B. 铅丝   C. 钢丝   D. 铁丝

56. 子午线轮胎一般用英文缩写字母（　　）标注。

　　A. R   B. Z   C. W   D. Y

第4部分

操作技能复习题

叉车驾驶及作业

一、叉车驾驶及作业——驾驶基本技能（二）（试题代码[①]：1.1.2；考核时间：5 min）

1. 试题单

（1）操作条件

1）叉车驾驶场地路线示意图及实际场地布置。

2）叉车（3 t 内燃机叉车，无级变速）。

（2）操作内容

按照场地路线示意图（见下图）完成叉车驾驶操作。

说明：坡道一座（长 8.5 m、宽 2.5 m、高 0.6 m）。

1）启动发动机。

2）起步。

3）坡道行驶。

4）曲线行驶。

5）倒车。

---

① 试题代码表示该试题在操作技能考核方案表格中的所属位置。左起第一位表示项目号，第二位表示单元号，第三位表示在该项目、单元下的第几个试题。

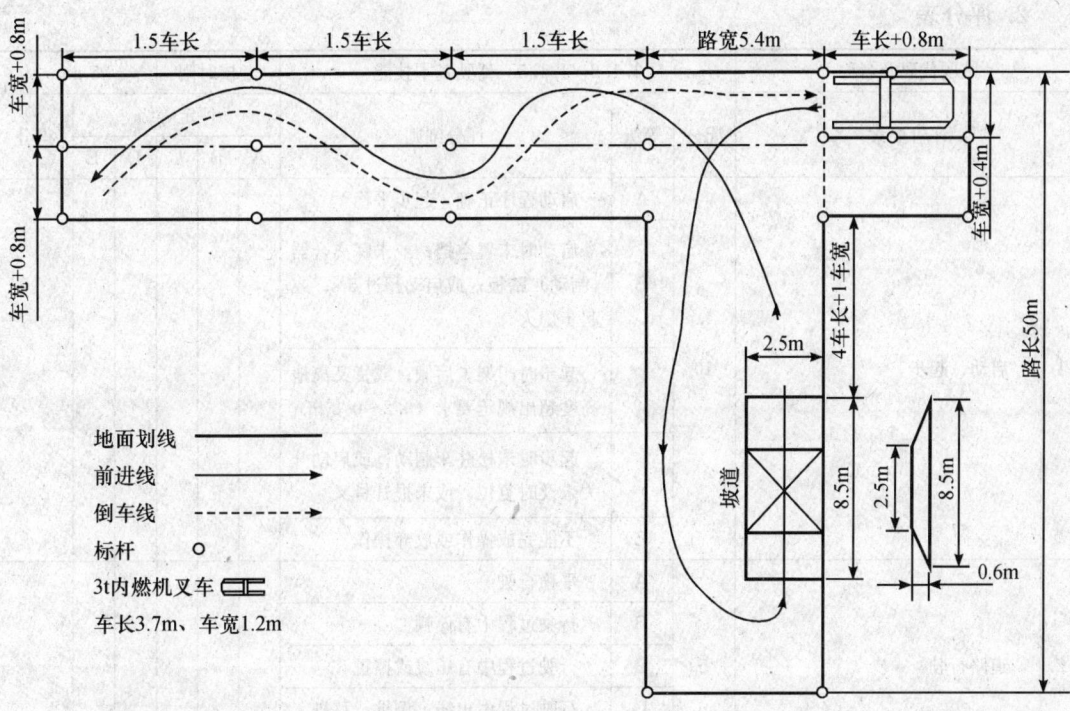

6）停车。

（3）操作要求

1）正确启动发动机。

2）起步要平稳。

3）通过坡道中途不得停车，下坡应控制车速。

4）稳妥倒车和合理规范停车。

5）按规定线路行驶。

6）正确使用操作装置。

7）行驶要符合安全要求。

8）在规定时间内完成驾驶操作。

2. 评分表

试题代码及名称			1.1.2~1.1.5 驾驶基本技能		考核时间		5 min			
	评价要素	配分	等级	评分细则	评定等级					得分
					A	B	C	D	E	
1	启动、起步	10	A	启动程序正确,起步平稳						
			B	启动时未置空挡;或未踩离合器(制动)踏板;或启动超过5 s;或起步熄火						
			C	起步时门架未后倾;或货叉离地高度超出规定要求(0.2~0.3 m)						
			D	起步时未松驻车制动;或启动开关未及时复位;或未提升货叉						
			E	不能完成操作或放弃操作						
2	道路行驶	5	A	平稳行驶						
			B	行驶过程中有停顿						
			C	行驶过程中有压线或擦桩						
			D	行驶过程中出线、倒桩、移桩						
			E	不能完成操作或放弃操作						
3	坡道行驶	10	A	平稳上、下坡道						
			B	上坡道时有停顿						
			C	下坡道时未带行车制动						
			D	上坡道时溜坡;或上、下坡道时熄火						
			E	不能完成操作或放弃操作						
4	倒车、定位	10	A	平稳倒车,正确定位						
			B	倒车过程中停顿;或车未停稳换向						
			C	倒车过程中压线或擦桩						
			D	倒车过程中出线、倒桩、移桩;或倒车不到位						
			E	不能完成操作或放弃操作						

续表

试题代码及名称		1.1.2～1.1.5 驾驶基本技能		考核时间		5 min		
评价要素	配分	等级	评分细则	\multicolumn{4}{c	}{评定等级}	得分
				A	B	C	D	E	
5 停车	5	A	正确停车，一次操作完成						
		B	正确停车，两次操作完成						
		C	正确停车，两次以上操作完成；或停车时急制动；或停车后未拉驻车制动；或货叉未落地						
		D	停车后货叉前端距停车线大于 0.5 m；或超出停车线						
		E	不能完成操作或放弃操作						
合计配分	40		合计得分						

等级	A（优）	B（良）	C（及格）	D（较差）	E（差或放弃操作）
比值	1.0	0.8	0.6	0.2	0

"评价要素"得分＝配分×等级比值。

二、叉车驾驶及作业——驾驶基本技能（三）（试题代码：1.1.3；考核时间：5 min）

1. 试题单

（1）操作条件

1）叉车驾驶场地路线示意图及实际场地布置。

2）叉车（3 t 内燃机叉车，无级变速）。

（2）操作内容

按照场地路线示意图（见下图）完成叉车驾驶操作。

1）启动发动机。

2）起步。

3）曲线行驶。

4）入库定位。

5）曲线倒车。

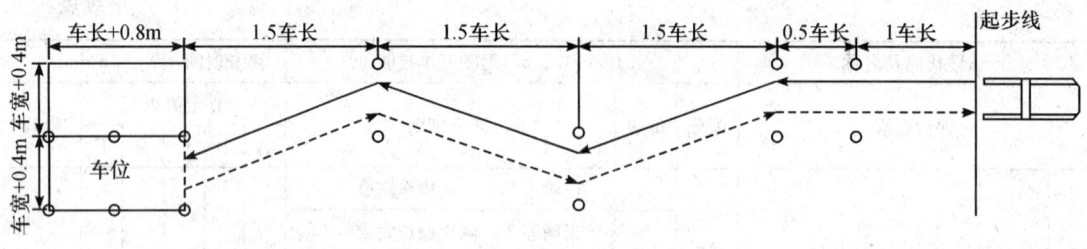

6）停车。

（3）操作要求

1）要正确启动发动机。

2）起步要平稳。

3）按规定线路行驶。

4）准确入库定位。

5）稳妥倒车和合理规范停车。

6）正确使用操作装置。

7）行驶要符合安全要求。

8）在规定时间内完成驾驶操作。

2. 评分表

同上题。

三、叉车驾驶及作业——驾驶基本技能（四）（试题代码：1.1.4；考核时间：5 min）

1. 试题单

（1）操作条件

1）叉车驾驶场地路线示意图及实际场地布置。

2）叉车（3 t 内燃机叉车，无级变速）。

（2）操作内容

按照场地路线示意图（见下图）完成叉车驾驶操作。

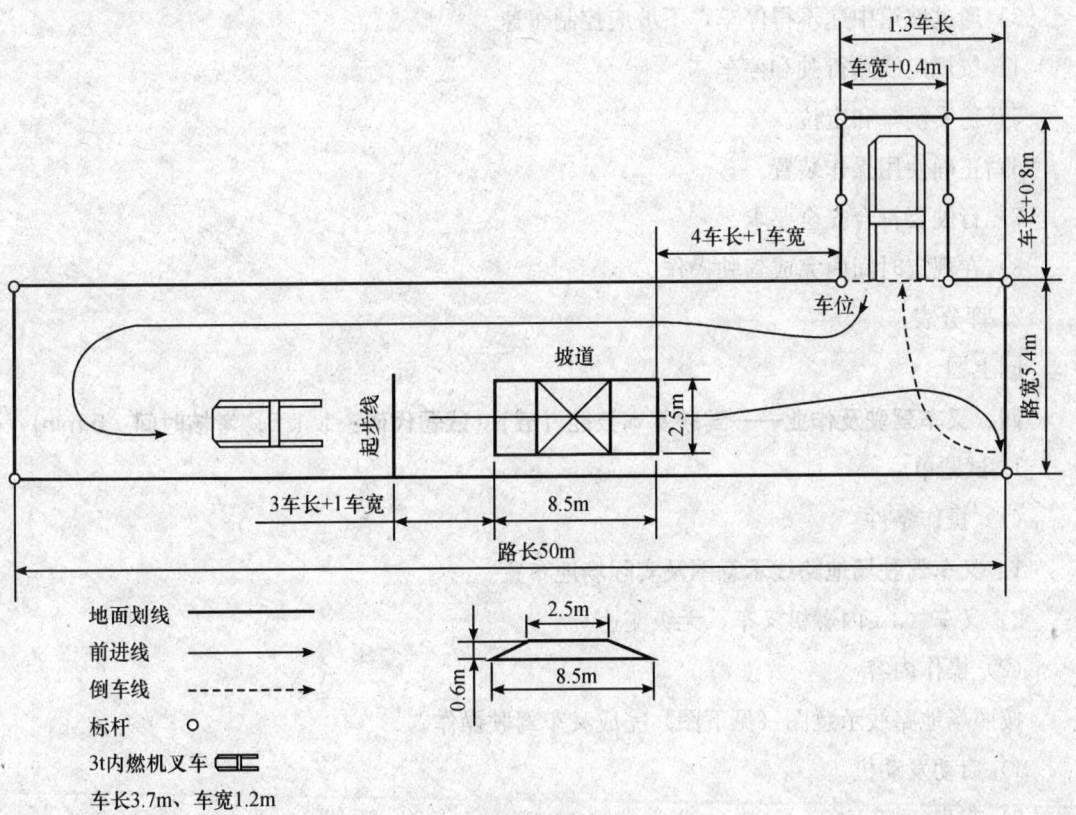

说明：坡道一座（长8.5 m、宽2.5 m、高0.6 m）。

1）启动发动机。

2）起步。

3）坡道行驶。

4）道路行驶。

5）倒车定位。

6）停车。

（3）操作要求

1) 正确启动发动机。

2) 起步要平稳。

3) 通过坡道中途不得停车，下坡应控制车速。

4) 按规定线路行驶和停车。

5) 稳妥倒车和定位。

6) 正确使用操作装置。

7) 行驶要符合安全要求。

8) 在规定时间内完成驾驶操作。

2. 评分表

同上题。

四、叉车驾驶及作业——驾驶基本技能（五）（试题代码：1.1.5；考核时间：5 min）

1. 试题单

（1）操作条件

1) 叉车驾驶场地路线示意图及实际场地布置。

2) 叉车（3 t内燃机叉车，无级变速）。

（2）操作内容

按照场地路线示意图（见下图）完成叉车驾驶操作。

1) 启动发动机。

2) 起步。

3) 曲线行驶。

4) 入库定位。

5) 倒车定位。

6) 停车。

（3）操作要求

1) 正确启动发动机。

2) 起步要平稳。

3) 按规定线路行驶。

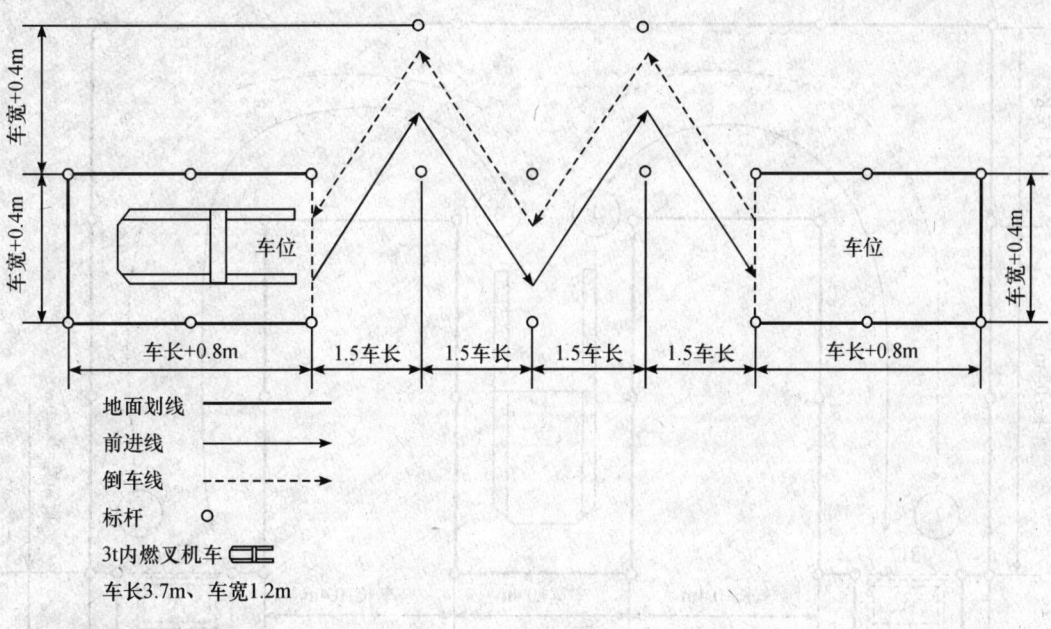

4) 准确入库定位。

5) 合理规范停车。

6) 正确使用操作装置。

7) 行驶要符合安全要求。

8) 在规定时间内完成驾驶操作。

2. 评分表

同上题。

五、叉车驾驶及作业——作业基本技能（二）（试题代码：1.2.2；考核时间：5 min）

1. 试题单

（1）操作条件

1) 叉车作业场地路线示意图及实际场地布置。

2) 叉车（3 t 内燃机叉车，无级变速）。

（2）操作内容

按作业场地路线示意图（见下图）完成叉车作业。

说明：货箱一只（长 0.9 m、宽 0.8 m、高 0.6 m）。

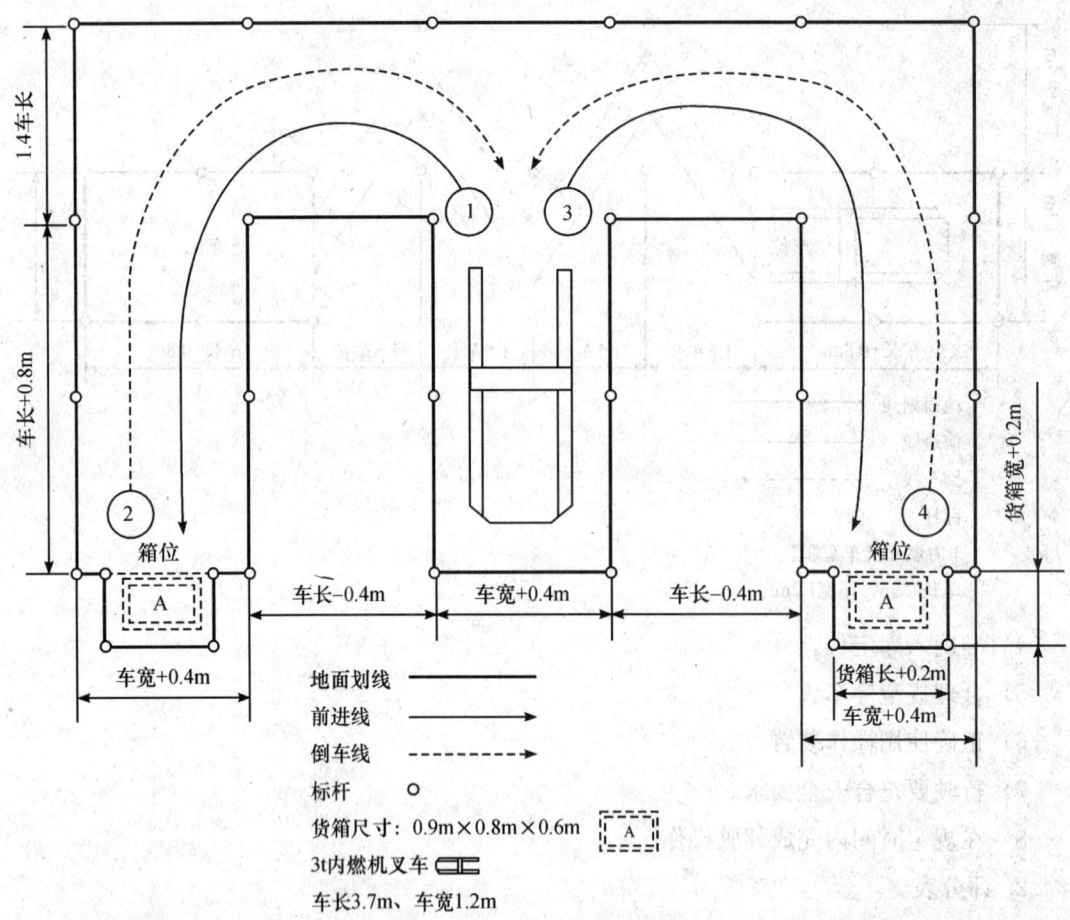

1) 操纵工作装置。
2) 叉取货箱。
3) 起运货箱。
4) 定位和卸放货箱。

(3) 操作要求

1) 按规定程序正确操纵工作装置。
2) 要正确叉取货箱,一次到位,不得撞出货箱和推移货箱。
3) 起运货箱要平稳,货叉提升到规定高度,门架必须后倾,中途不得操纵工作装置。

4）卸放货箱定位要准确平稳。

5）操作要符合安全作业要求。

6）在规定时间内，按①→②→③→④线路行驶作业并以③→④→①→②线路还原完成整套作业操作。

2. 评分表

试题代码及名称		1.2.2~1.2.5 作业基本技能		考核时间		5 min			
评价要素	配分	等级	评分细则	评定等级					得分
				A	B	C	D	E	
1 工作装置操纵	10	A	规范、正确操纵工作装置						
		B	起步时货叉离地高度超出规定要求（0.2~0.3 m）						
		C	起步时门架未后倾						
		D	起步时未起升货叉						
		E	不能完成操作或放弃操作						
2 货箱叉取	10	A	货箱准确叉取，1次操作完成						
		B	货箱准确叉取，2次操作完成						
		C	货箱准确叉取，2次以上操作完成						
		D	叉取时，货叉撞击货箱或推移货箱						
		E	不能完成操作或放弃操作						
3 货箱起运	10	A	平稳、顺畅完成货箱起运						
		B	起运时货箱离地超出规定要求（0.2~0.3 m）；或门架未后倾						
		C	行驶中压线、擦桩						
		D	行驶中出线、倒桩、移桩；或货箱倾翻						
		E	不能完成操作或放弃操作						

续表

试题代码及名称			1.2.2～1.2.5 作业基本技能	考核时间			5 min		
评价要素		配分	等级	评分细则	评定等级				得分
					A	B	C	D	E	
4	货箱卸放	10	A	货箱准确定位和卸放，1次操作完成						
			B	货箱准确定位和卸放，2次操作完成						
			C	2次以上操作完成货箱定位和卸放；或压线、擦桩						
			D	出线、倒桩、移桩，或货箱倾翻						
			E	不能完成操作或放弃操作						
合计配分		40		合计得分						

等级	A（优）	B（良）	C（及格）	D（较差）	E（差或放弃操作）
比值	1.0	0.8	0.6	0.2	0

"评价要素"得分＝配分×等级比值。

六、叉车驾驶及作业——作业基本技能（三）（试题代码：1.2.3；考核时间：5 min)

1. 试题单

（1）操作条件

1）叉车作业场地路线示意图及实际场地布置。

2）叉车（3 t内燃机叉车，无级变速）。

（2）操作内容

按作业场地路线示意图（见下图）完成叉车作业。

说明：货箱一只（长0.9 m、宽0.8 m、高0.6 m）。

1）操纵工作装置。

2）叉取货箱。

3）起运货箱。

4）定位卸放货箱。

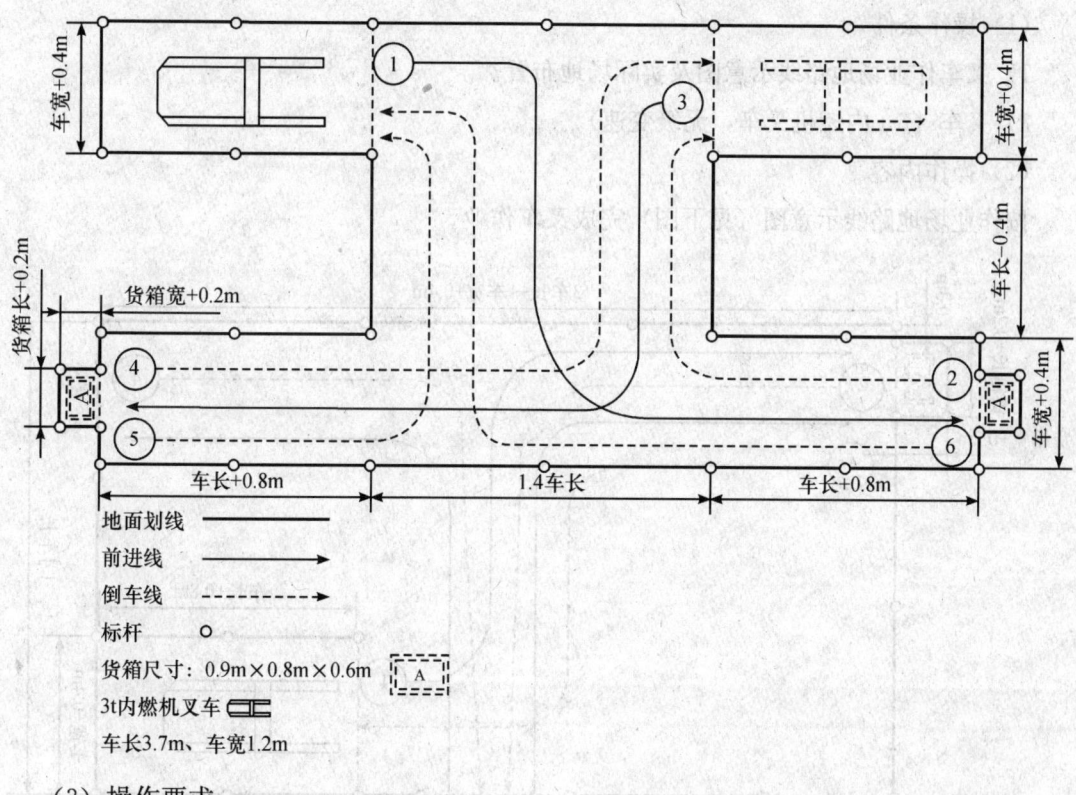

(3) 操作要求

1) 按规定程序正确操纵工作装置。

2) 要正确叉取货箱,一次到位,不得撞出货箱和推移货箱。

3) 起运货箱要平稳,货叉提升到规定高度,门架必须后倾,中途不得操纵工作装置。

4) 卸放货箱定位要准确平稳。

5) 操作要符合安全作业要求。

6) 在规定时间内,按①→②→③→④线路行驶作业并以③→⑤→①→⑥线路还原完成整套作业操作。

2. 评分表

同上题。

七、叉车驾驶及作业——作业基本技能(四)(试题代码:1.2.4;考核时间:5 min)

1. 试题单

(1) 操作条件

1) 叉车作业场地路线示意图及实际场地布置。

2) 叉车（3 t 内燃机叉车，无级变速）。

(2) 操作内容

按作业场地路线示意图（见下图）完成叉车作业。

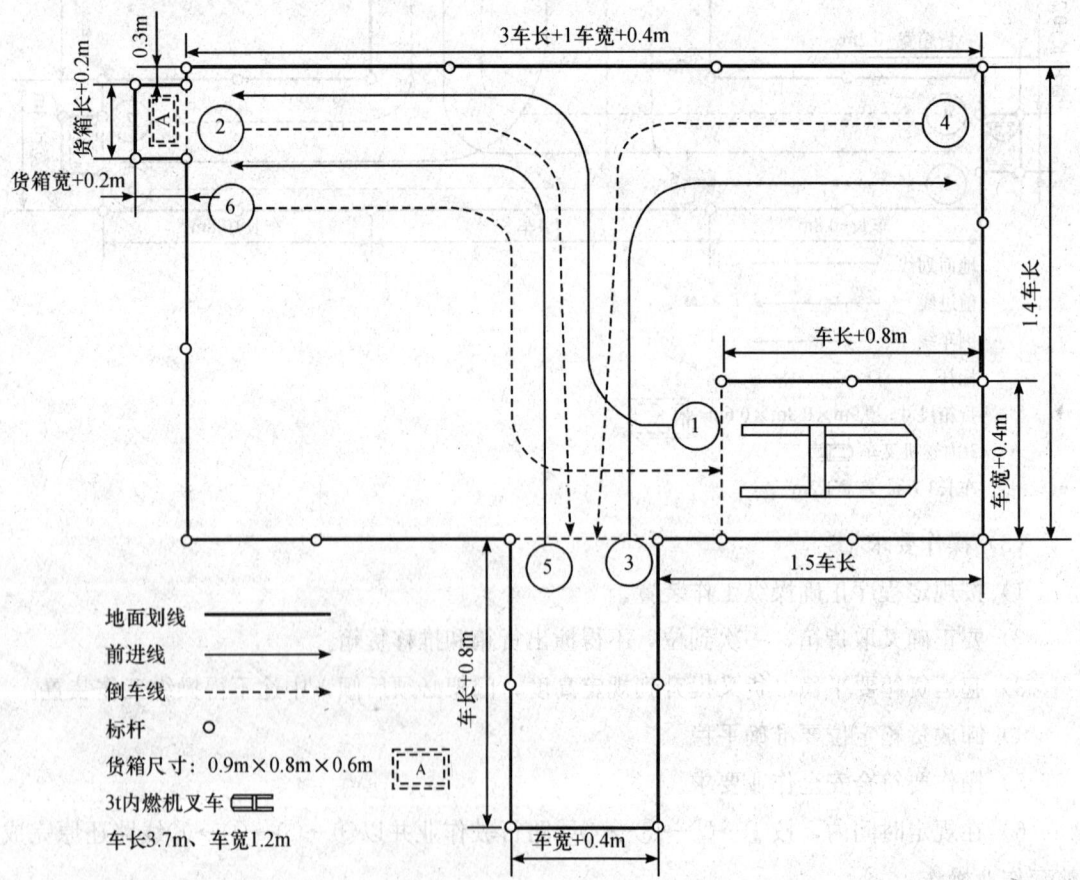

说明：货箱一只（长 0.9 m、宽 0.8 m、高 0.6 m）。

1) 操纵工作装置。

2) 叉取货箱。

3) 起运货箱。

4) 定位卸放货箱。

(3) 操作要求

1) 按规定程序正确操纵工作装置。

2) 要正确叉取货箱,一次到位,不得撞出货箱和推移货箱。

3) 起运货箱要平稳,货叉提升到规定高度,门架必须后倾,中途不得操纵工作装置。

4) 卸放货箱定位要准确平稳。

5) 操作要符合安全作业要求。

6) 在规定时间内,按①→②→③→④→⑤→⑥规定线路完成整套作业操作。

2. 评分表

同上题。

八、叉车驾驶及作业——作业基本技能(五)(试题代码:1.2.5;考核时间:5 min)

1. 试题单

(1) 操作条件

1) 叉车作业场地路线示意图及实际场地布置。

2) 叉车(3 t内燃机叉车,无级变速)。

(2) 操作内容

按作业场地路线示意图(见下图)完成叉车作业。

说明:货箱一只(长0.9 m、宽0.8 m、高0.6 m)。

1) 操纵工作装置。

2) 叉取货箱。

3) 起运货箱。

4) 定位卸放货箱。

(3) 操作要求

1) 按规定程序正确操纵工作装置。

2) 要正确叉取货箱,一次到位,不得撞出货箱和推移货箱。

3) 起运货箱要平稳,货叉提升到规定高度,门架必须后倾,中途不得操纵工作装置。

4) 卸放货箱定位要准确平稳。

叉车司机（五级）

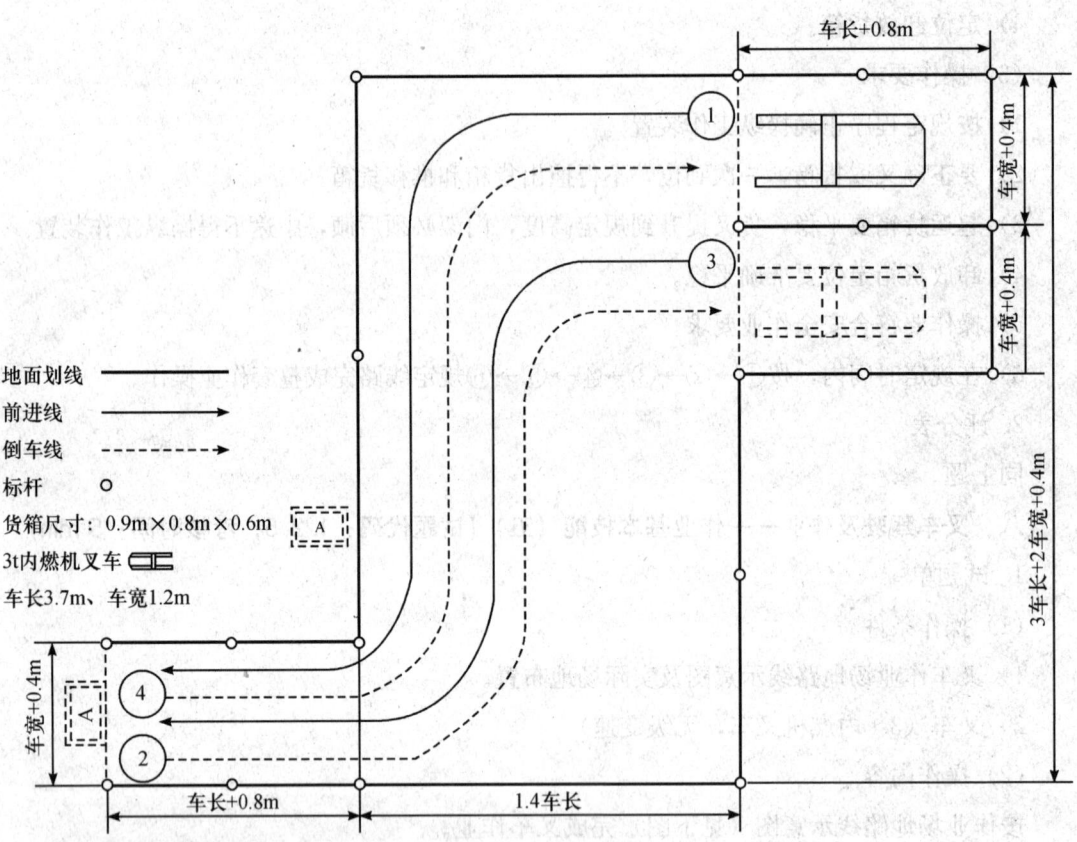

5）操作要符合安全作业要求。

6）在规定时间内，按①→②→③→④规定线路完成整套作业操作。

2. 评分表

同上题。

故障诊断

一、故障诊断——油路中有空气故障的诊断（试题代码：2.1.1；考核时间：10 min）

1. 试题单

（1）操作条件

1) 油箱—喷油泵—油管连接组件一套,柴油滤清器一只。
2) 相关附件若干。
(2) 操作内容
1) 分析并口述油路中有空气故障可能的 8 种原因。
2) 识别构件。
(3) 操作要求
1) 诊断故障要正确,分析原因要完整。
2) 正确识别并口述构件名称。
3) 注意安全操作。
4) 在规定时间内完成。

2. 评分表

试题代码及名称		2.1.1 故障诊断——油路中有空气故障的诊断			考核时间		10 min	
评价要素	配分	等级	评分细则	评定等级				得分
				A	B	C	D	E	
1 故障诊断	5	A	故障原因诊断正确、完整						
		B	故障原因诊断遗漏或错误 2 项						
		C	故障原因诊断遗漏或错误 3 项						
		D	故障原因诊断遗漏或错误 3 项以上						
		E	不能完成故障诊断或放弃诊断						
2 构件识别	5	A	构件名称表述完整、正确						
		B	构件名称表述 1 处不正确						
		C	构件名称表述 2 处不正确						
		D	构件名称表述 2 处以上不正确						
		E	不能识别构件或放弃识别						
合计配分	10		合计得分					

等级	A(优)	B(良)	C(及格)	D(较差)	E(差或放弃操作)
比值	1.0	0.8	0.6	0.2	0

"评价要素"得分=配分×等级比值。

二、故障诊断——输油泵不出油故障的诊断（试题代码：2.1.2；考核时间：10 min）

1. 试题单

（1）操作条件

1) 输油泵一只，进出油管各一根。

2) 台虎钳及相关工具一套。

（2）操作内容

1) 拆装止回阀。

2) 分析并口述产生故障可能的5种原因。

（3）操作要求

1) 诊断故障要正确，分析原因要完整。

2) 完成拆卸和安装。

3) 注意安全操作和正确选用工具。

4) 在规定时间内完成。

2. 评分表

试题代码及名称		2.1.2 故障诊断——输油泵不出油故障的诊断		考核时间			10 min		
评价要素		配分	等级	评分细则	评定等级				得分
					A	B	C	D	E	
1	故障诊断	5	A	故障原因诊断正确、完整						
			B	故障原因诊断遗漏或错误1项						
			C	故障原因诊断遗漏或错误2项						
			D	故障原因诊断遗漏或错误2项以上						
			E	不能完成故障诊断或放弃诊断						
2	拆检安装	5	A	完成拆卸和安装						
			B	完成拆卸，但安装有1处遗漏						
			C	完成拆卸，但安装有2处遗漏						
			D	能够完成拆卸，但不能完成安装						
			E	不能完成拆检或放弃拆检						
合计配分		10		合计得分						

等级	A（优）	B（良）	C（及格）	D（较差）	E（差或放弃操作）
比值	1.0	0.8	0.6	0.2	0

"评价要素"得分＝配分×等级比值。

三、故障诊断——喷油器雾化不良故障的诊断（试题代码：2.1.4；考核时间：10 min)

1. 试题单

（1）操作条件

喷油器总成一件（散件）。

（2）操作内容

1) 分析并口述产生故障可能的3种原因。

2) 识别构件。

（3）操作要求

1) 诊断故障要正确，分析原因要完整。

2) 正确识别并口述构件名称。

3) 注意安全操作。

4) 在规定时间内完成。

2. 评分表

试题代码及名称		2.1.4 故障诊断——喷油器雾化不良故障的诊断		考核时间		10 min			
评价要素	配分	等级	评分细则	评定等级					得分
				A	B	C	D	E	
1　故障诊断	5	A	故障原因诊断正确、完整						
		B	故障原因诊断遗漏或错误1项						
		C	故障原因诊断遗漏或错误2项						
		D	故障原因诊断遗漏或错误2项以上						
		E	不能完成故障诊断或放弃诊断						

续表

试题代码及名称		2.1.4 故障诊断——喷油器雾化不良故障的诊断			考核时间			10 min	
评价要素	配分	等级	评分细则	评定等级				得分
				A	B	C	D	E	
2 构件识别	5	A	构件名称表述完整、正确						
		B	构件名称表述1处不正确						
		C	构件名称表述2处不正确						
		D	构件名称表述2处以上不正确						
		E	不能识别构件或放弃识别						
合计配分	10		合计得分						

等级	A（优）	B（良）	C（及格）	D（较差）	E（差或放弃操作）
比值	1.0	0.8	0.6	0.2	0

"评价要素"得分＝配分×等级比值。

四、故障诊断——喷油器不出油故障的诊断（试题代码：2.1.5；考核时间：10 min）

1. 试题单

（1）操作条件

1）喷油器总成一件。

2）台虎钳及相关工具、量具一套。

3）辅料若干。

（2）操作内容

1）拆装喷油器总成。

2）分析并口述产生故障可能的3种原因。

（3）操作要求

1）完成喷油器总成的拆装。

2）诊断故障要正确，分析原因要完整。

3）注意安全操作和正确选用工具、量具。

4）在规定时间内完成。

2. 评分表

试题代码及名称		2.1.5 故障诊断——喷油器不出油故障的诊断		考核时间			10 min		
评价要素	配分	等级	评分细则	评定等级					得分
				A	B	C	D	E	
1 拆装构件	5	A	完全拆卸和安装						
		B	有 1 处遗漏拆卸或安装						
		C	有 2 处遗漏拆卸或安装						
		D	能够完成拆卸，但不能完成安装						
		E	不能完成拆装或放弃拆装						
2 故障诊断	5	A	故障原因诊断正确、完整						
		B	故障原因诊断遗漏或错误 1 项						
		C	故障原因诊断遗漏或错误 2 项						
		D	故障原因诊断遗漏或错误 2 项以上						
		E	不能完成故障诊断或放弃诊断						
合计配分	10		合计得分						

等级	A（优）	B（良）	C（及格）	D（较差）	E（差或放弃操作）
比值	1.0	0.8	0.6	0.2	0

"评价要素"得分＝配分×等级比值。

五、故障诊断——起动电路无电故障的诊断（试题代码：2.2.1；考核时间：10 min）

1. 试题单

（1）操作条件

1）起动电路模拟板一块。

2）相关工具、量具一套。

（2）操作内容

1）诊断故障。

2）分析并口述产生故障可能的 5 种原因。

（3）操作要求

1）诊断故障要正确，分析原因要完整。

2）在规定时间内完成。

2. 评分表

试题代码及名称		2.2.1 故障诊断——起动电路无电故障的诊断			考核时间			10 min			
评价要素		配分	等级	评分细则	评定等级					得分
					A	B	C	D	E	
1	故障诊断	5	A	故障诊断完全正确						
			B	故障诊断错误1次，并能自我纠正						
			C	故障诊断错误2次，并能自我纠正						
			D	故障诊断错误，且未能自我纠正						
			E	不能完成故障诊断或放弃诊断						
2	故障原因分析	5	A	故障原因分析完整、正确						
			B	故障原因分析遗漏或错误1项						
			C	故障原因分析遗漏或错误2项						
			D	故障原因分析遗漏或错误2项以上						
			E	不能完成故障诊断或放弃诊断						
合计配分		10		合计得分						

等级	A（优）	B（良）	C（及格）	D（较差）	E（差或放弃操作）
比值	1.0	0.8	0.6	0.2	0

"评价要素"得分＝配分×等级比值。

六、故障诊断——转向灯不亮故障的诊断（试题代码：2.2.2；考核时间：10 min）

1. 试题单

（1）操作条件

1）起动电路模拟板一块。

2）相关工具、量具一套。

(2) 操作内容

1) 诊断故障。

2) 分析并口述产生故障可能的 4 种原因。

(3) 操作要求

1) 诊断故障要正确，分析原因要完整。

2) 在规定时间内完成。

2. 评分表

同上题。

七、故障诊断——制动灯不亮故障的诊断（试题代码：2.2.3；考核时间：10 min）

1. 试题单

(1) 操作条件

1) 模拟电路板一块。

2) 相关工具、量具一套。

(2) 操作内容

1) 诊断故障。

2) 分析并口述产生故障可能的 5 种原因。

(3) 操作要求

1) 诊断故障要正确，分析原因要完整。

2) 在规定时间内完成。

2. 评分表

同上题。

八、故障诊断——倒车灯不亮故障的诊断（试题代码：2.2.4；考核时间：10 min）

1. 试题单

(1) 操作条件

1) 模拟电路板一块。

2) 相关工具、量具一套。

(2) 操作内容

1）诊断故障。

2）分析并口述产生故障可能的4种原因。

(3) 操作要求

1）诊断故障要正确，分析原因要完整。

2）在规定时间内完成。

2. 评分表

同上题。

九、故障诊断——示宽灯不亮故障的诊断（试题代码：2.2.5；考核时间：10 min）

1. 试题单

(1) 操作条件

1）模拟电路板一块。

2）相关工具、量具一套。

(2) 操作内容

1）诊断故障。

2）分析并口述产生故障可能的4种原因。

(3) 操作要求

1）诊断故障要正确，分析原因要完整。

2）在规定时间内完成。

2. 评分表

同上题。

十、故障诊断——照明灯不亮故障的诊断（试题代码：2.2.6；考核时间：10 min）

1. 试题单

(1) 操作条件

1）模拟电路板一块。

2）相关工具、量具一套。

(2) 操作内容

1）诊断故障。

2）分析并口述产生故障可能的5种原因。

（3）操作要求

1）诊断故障要正确，分析原因要完整。

2）在规定时间内完成。

2. 评分表

同上题。

维护与保养

一、维护与保养——清洁燃油箱和检查柴油（试题代码：3.1.1；考核时间：10 min）

1. 试题单

（1）操作条件

1）燃油箱总成一只。

2）辅料若干。

（2）操作内容

1）检查燃油箱缺陷，并清洁燃油箱外表。

2）口述柴油安全常识。

（3）操作要求

1）燃油箱缺陷检查并表述正确、完整。

2）燃油箱外表清洁符合要求。

3）柴油安全常识表述正确、完整。

4）在规定时间内完成。

2. 评分表

试题代码及名称			3.1.1　维护与保养——清洁燃油箱和检查柴油						考核时间		10 min	
评价要素		配分	等级	评分细则					评定等级			得分
									A	B	C	D	E	
1	检查缺陷，清洁油箱	5	A	燃油箱缺陷判断完整、正确，且完成油箱清洁								
			B	燃油箱缺陷判断遗漏或错误1项，且完成油箱清洁								
			C	燃油箱缺陷判断遗漏或错误2项，且完成油箱清洁								
			D	燃油箱缺陷判断遗漏或错误2项以上；或未完成油箱清洁								
			E	不能完成缺陷判断或放弃判断								
2	柴油安全常识	5	A	柴油安全常识表述正确、完整								
			B	柴油安全常识表述遗漏或错误1项								
			C	柴油安全常识表述遗漏或错误2项								
			D	柴油安全常识表述遗漏或错误2项以上								
			E	不能完成柴油安全常识表述或放弃表述								
合计配分		10		合计得分								

等级	A（优）	B（良）	C（及格）	D（较差）	E（差或放弃操作）
比值	1.0	0.8	0.6	0.2	0

"评价要素"得分＝配分×等级比值。

二、维护与保养——检查机油（试题代码：3.1.2；考核时间：10 min）

1. 试题单

（1）操作条件

1）发动机一台、机油。

2）辅料若干。

(2) 操作内容

1) 检测机油量。

2) 叙述机油标尺刻度含意。

3) 机油选择并口述机油作用。

(3) 操作要求

1) 正确测量机油。

2) 机油标尺刻度含意表述正确、完整。

3) 机油选择正确,作用叙述正确、完整。

4) 在规定时间内完成。

2. 评分表

试题代码及名称			3.1.2 维护与保养——检查机油		考核时间			10 min		
评价要素	配分	等级	评分细则	评定等级					得分
				A	B	C	D	E	
1	检查油量,标尺刻度表述	5	A	检测油量正确,且标尺刻度含意表述正确、完整						
			B	检测油量正确,但标尺刻度含意表述1项错误						
			C	检测油量正确,但标尺刻度含意表述2项错误						
			D	检测油量错误,或标尺刻度含意表述2项以上错误						
			E	不能完成操作或放弃操作						
2	机油选择及作用表述	5	A	机油选择正确,且作用表述正确、完整						
			B	机油选择正确,但作用表述遗漏或错误1项						
			C	机油选择正确,但作用表述遗漏或错误2项						
			D	机油选择不正确;或作用表述遗漏或错误2项以上						
			E	不能完成操作或放弃操作						
合计配分		10	合计得分							

叉车司机（五级）

等级	A（优）	B（良）	C（及格）	D（较差）	E（差或放弃操作）
比值	1.0	0.8	0.6	0.2	0

"评价要素"得分＝配分×等级比值。

三、维护与保养——清洁散热器和检查冷却水（试题代码：3.1.4；考核时间：10 min）

（1）操作条件

1. 试题单

1）散热器总成一只。

2）辅料若干。

（2）操作内容

1）识别并口述散热器构件。

2）清洁、检查散热器。

（3）操作要求

1）散热器构件名称表述正确、完整。

2）口述清洁散热器的主要事项；检查缺陷正确、完整。

3）注意安全操作。

4）在规定时间内完成。

2. 评分表

试题代码及名称		3.1.4 维护与保养——清洁散热器和检查冷却水		考核时间		10 min			
评价要素	配分	等级	评分细则	评定等级					得分
				A	B	C	D	E	
1 构件识别	5	A	构件名称表述完整、正确						
		B	构件名称表述1处不正确						
		C	构件名称表述2处不正确						
		D	构件名称表述2处以上不正确						
		E	不能识别构件或放弃识别						

续表

试题代码及名称			3.1.4 维护与保养——清洁散热器和检查冷却水			考核时间	10 min
评价要素		配分	等级	评分细则	评定等级		得分
					A B	C D E	
2	清洁散热器,检查缺陷	5	A	清洁散热器事项完整,且缺陷检查正确、完整			
			B	清洁散热器事项完整,但缺陷检查遗漏1项			
			C	清洁散热器事项完整,但缺陷检查遗漏2项			
			D	清洁散热器事项不完整,或缺陷检查遗漏2项以上			
			E	不能完成操作或放弃操作			
合计配分		10		合计得分			

等级	A（优）	B（良）	C（及格）	D（较差）	E（差或放弃操作）
比值	1.0	0.8	0.6	0.2	0

"评价要素"得分＝配分×等级比值。

四、维护与保养——清洁轮胎及检查气压（试题代码：3.1.5；考核时间：10 min）

1. 试题单

(1) 操作条件

1) 轮胎一只（带轮辋）。

2) 轮胎气压表一只,气门芯扳手一只及相关附件（回丝、毛刷、皂水）。

(2) 操作内容

1) 检查并口述缺陷。

2) 检查气压。

(3) 操作要求

1) 检查缺陷正确、完整。

2) 检查轮胎气压方法正确。

3) 正确选用工具、量具，注意安全操作。

4) 在规定时间内完成。

2. 评分表

试题代码及名称		3.1.5 维护与保养——清洁轮胎及检查气压			考核时间		10 min		
评价要素	配分	等级	评分细则		评定等级				得分
				A	B	C	D	E	
1 检查缺陷	5	A	缺陷判断完整、正确，且完成轮胎清洁						
		B	缺陷判断完整、正确，但未做轮胎清洁						
		C	缺陷判断遗漏1项						
		D	缺陷判断遗漏2项及以上						
		E	不能完成检查缺陷或放弃检查						
2 检查气压	5	A	操作内容完整，且顺序正确						
		B	操作内容完整，但顺序有错误						
		C	操作内容遗漏1项						
		D	操作内容遗漏2项及以上						
		E	不能检查气压或放弃检查						
合计配分	10		合计得分						

等级	A（优）	B（良）	C（及格）	D（较差）	E（差或放弃操作）
比值	1.0	0.8	0.6	0.2	0

"评价要素"得分＝配分×等级比值。

五、维护与保养——检查转向节与转向油缸的连接部分（试题代码：3.2.1；考核时间：10 min）

1. 试题单

(1) 操作条件

1) 转向节一只，拉杆直销两只，主销一根。

2) 辅料若干。

(2) 操作内容

1) 识别并口述构件。

2) 检查转向节与转向油缸的连接部分。

(3) 操作要求

1) 构件名称表述正确、完整。

2) 检查缺陷正确、完整。

3) 注意安全操作。

4) 在规定时间内完成。

2. 评分表

试题代码及名称		3.2.1 维护与保养——检查转向节与转向油缸的连接部分				考核时间			10 min	
评价要素		配分	等级	评分细则		评定等级				得分
					A	B	C	D	E	
1	构件识别	5	A	构件名称表述完整、正确						
			B	构件名称表述1处不正确						
			C	构件名称表述2处不正确						
			D	构件名称表述2处以上不正确						
			E	不能识别构件或放弃识别						
2	检查缺陷	5	A	检查缺陷全面、完整						
			B	缺陷检查遗漏1项						
			C	缺陷检查遗漏2项						
			D	缺陷检查遗漏2项以上						
			E	不能进行操作或放弃操作						
合计配分		10		合计得分						

等级	A（优）	B（良）	C（及格）	D（较差）	E（差或放弃操作）
比值	1.0	0.8	0.6	0.2	0

"评价要素"得分＝配分×等级比值。

六、维护与保养——检查制动主缸与油壶的紧固及液面（试题代码：3.2.2；考核时间：10 min）

1. 试题单

(1) 操作条件

1) 制动主缸一只，油壶一只，连接油管。

2) 辅料若干。

(2) 操作内容

1) 识别并口述构件。

2) 检查制动主缸与油壶。

(3) 操作要求

1) 构件名称表述正确、完整。

2) 检查缺陷正确、完整。

3) 注意安全操作。

4) 在规定时间内完成。

2. 评分表

同上题。

七、维护与保养——检查水泵及风扇带（试题代码：3.2.3；考核时间：10 min）

1. 试题单

(1) 操作条件

1) 水泵、冷却风扇、发电机。

2) 辅料若干。

(2) 操作内容

1) 识别并口述构件。

2) 检查水泵及风扇带。

(3) 操作要求

1) 构件名称表述正确、完整。

2) 检查缺陷正确、完整。

3) 注意安全操作。

4) 在规定时间内完成。

2. 评分表

同上题。

八、维护与保养——检查柴油滤清器（试题代码：3.2.4；考核时间：10 min）

1. 试题单

（1）操作条件

1）柴油滤清器，滤芯，油管及接头。

2）台虎钳、专用工具，以及常用工具。

3）辅料若干。

（2）操作内容

1）检查柴油滤清器缺陷。

2）调换滤芯。

（3）操作要求

1）检查缺陷正确、完整。

2）调换滤芯正确及使用工具正确（并复位）。

3）注意安全操作。

4）在规定时间内完成。

2. 评分表

试题代码及名称			3.2.4 维护与保养——检查柴油滤清器	考核时间				10 min	
评价要素		配分	等级	评分细则	评定等级				得分
					A	B	C	D	E	
1	检查缺陷	5	A	检查全面、完整						
			B	检查缺陷遗漏1项						
			C	检查缺陷遗漏2项						
			D	检查缺陷遗漏2项以上						
			E	不能完成操作或放弃操作						

续表

试题代码及名称		3.2.4 维护与保养——检查柴油滤清器					考核时间		10 min	
评价要素		配分	等级	评分细则			评定等级			得分
							A B C D E			
2	构件调换	5	A	构件调换正确，且工具选用合理						
			B	构件调换正确，工具选用错误并自我纠正						
			C	构件调换正确，工具选用错误且未予以纠正；或构件未复位						
			D	构件调换不正确						
			E	不能完成操作或放弃操作						
合计配分		10		合计得分						

等级	A（优）	B（良）	C（及格）	D（较差）	E（差或放弃操作）
比值	1.0	0.8	0.6	0.2	0

"评价要素"得分＝配分×等级比值。

九、维护与保养——检查空气滤清器（试题代码：3.2.5；考核时间：10 min)

1. 试题单

（1）操作条件

1）空气滤清器、滤芯。

2）工具。

3）辅料若干。

（2）操作内容

1）检查空气滤清器缺陷。

2）调换滤芯。

（3）操作要求

1）空气滤清器缺陷表述正确、完整。

2）调换滤芯正确及使用工具正确（并复位）。

3）注意安全操作。

4）在规定时间内完成。

2. 评分表

同上题。

十、维护与保养——检查横、直拉杆（试题代码：3.2.6；考核时间：10 min）

1. 试题单

（1）操作条件

1）横、直拉杆一套。

2）辅料若干。

（2）操作内容

1）检查横、直拉杆缺陷。

2）表述横、直拉杆需要润滑的部位。

（3）操作要求

1）检查缺陷正确、完整。

2）润滑部位表述完整。

3）注意安全操作。

4）在规定时间内完成。

2. 评分表

试题代码及名称			3.2.6 维护与保养——检查横、直拉杆		考核时间	10 min				
评价要素		配分	等级	评分细则	评定等级					得分
					A	B	C	D	E	
1	检查缺陷	5	A	检查缺陷完整、正确						
			B	检查缺陷遗漏1项						
			C	检查缺陷遗漏2项						
			D	检查缺陷遗漏2项以上						
			E	不能完成操作或放弃操作						

续表

试题代码及名称			3.2.6 维护与保养——检查横、直拉杆			考核时间		10 min	
评价要素		配分	等级	评分细则	评定等级 A B C D E				得分
2	表述润滑部位	5	A	润滑部位表述完整					
			B	润滑部位表述遗漏1处					
			C	润滑部位表述遗漏2处					
			D	润滑部位表述遗漏2处以上					
			E	不能完成操作或放弃操作					
合计配分		10		合计得分					

等级	A（优）	B（良）	C（及格）	D（较差）	E（差或放弃操作）
比值	1.0	0.8	0.6	0.2	0

"评价要素"得分＝配分×等级比值。

十一、维护与保养——检查与保养链条（试题代码：3.2.7；考核时间：10 min）

1. 试题单

（1）操作条件

链条一根（含调节螺栓）。

（2）操作内容

1) 检查并口述链条缺陷。

2) 识别并口述链条构件名称。

（3）操作要求

1) 检查缺陷正确、完整。

2) 构件名称表述正确、完整。

3) 注意安全操作。

4) 在规定的时间内完成。

2. 评分表

试题代码及名称			3.2.7 维护与保养——检查与保养链条			考核时间		10 min		
评价要素		配分	等级	评分细则		评定等级				得分
						A	B	C	D	E	
1	缺陷检查	5	A	缺陷判别完整、正确						
			B	缺陷判别遗漏 1 项						
			C	缺陷判别遗漏 2 项						
			D	缺陷判别遗漏 2 项以上						
			E	不能检查缺陷或放弃检查						
2	构件识别	5	A	构件名称表述完整、正确						
			B	构件名称表述 1 处不正确						
			C	构件名称表述 2 处不正确						
			D	构件名称表述 2 处以上不正确						
			E	不能识别构件或放弃识别						
合计配分		10		合计得分						

等级	A（优）	B（良）	C（及格）	D（较差）	E（差或放弃操作）
比值	1.0	0.8	0.6	0.2	0

"评价要素"得分＝配分×等级比值。

第5部分

理论知识考试模拟试卷及答案

叉车司机（五级）理论知识试卷

注 意 事 项

1. 考试时间：90 min。
2. 请首先按要求在试卷的标封处填写您的姓名、准考证号和所在单位的名称。
3. 请仔细阅读各种题目的回答要求，在规定的位置填写您的答案。
4. 不要在试卷上乱写乱画，不要在标封区填写无关的内容。

	一	二	总分
得分			

得分	
评分人	

一、判断题（第1题～第60题。将判断结果填入括号中。正确的填"√"，错误的填"×"。每题0.5分，满分30分）

1. 叉车作业是在货物运输、装卸和堆垛中产生的，受货物数量的不均衡性影响颇大，因此，在实际工作中会出现忙闲不均现象。   （   ）

2. 叉车作业的基本任务包括：安全生产、文明装卸、提高运输质量等。   （   ）

3. 双动力叉车，其主要动力形式有内燃式和电动式两种。　　　　　　（　　）

4. 步行操作式叉车，是一种既可以靠人的体能，又可以靠内燃动力进行作业的叉车。
　　　　　　　　　　　　　　　　　　　　　　　　　　　　　　　（　　）

5. 前移式叉车一般有两条前伸的支腿，而且具有两前轮较大、支腿较高的特点。
　　　　　　　　　　　　　　　　　　　　　　　　　　　　　　　（　　）

6. 侧叉式叉车不可用于装卸、搬运长件货物，如型钢、木材等。　　　（　　）

7. 叉车种类虽然较多，但构造基本相同，其组成部分主要有：动力装置、底盘、工作装置和液压装置等。　　　　　　　　　　　　　　　　　　　　　（　　）

8. 叉车的性能参数主要包括：最大起升高度、载荷中心距、门架倾角、满载最大起升速度、满载最大运行速度、满载爬坡度等。　　　　　　　　　　　（　　）

9. 叉车的满载最大起升高度是指叉车在平坦、坚实的地面上，满载、轮胎气压正常、架直立，货物升至最高高度时，货叉水平段的上表面至地面的垂直距离。（　　）

10. 叉车的门架倾角是指满载叉车在平坦、坚实的地面上，门架相对于其垂直位置向前和向后倾斜的最大角度。　　　　　　　　　　　　　　　　　　　（　　）

11. 叉车的满载最大爬坡度是指叉车在干燥、坚实的路面上，以低速挡等速行驶所能爬越的最大坡度，以角度或百分数表示。　　　　　　　　　　　　　（　　）

12. 影响叉车最小转向半径的因素，主要是叉车的轮距、轴距、转向轮的最大转角，其他因素都与此无关。　　　　　　　　　　　　　　　　　　　　　（　　）

13. 叉车的型号编制是根据叉车的动力源、构造形式、传动形式的不同而编制的。
　　　　　　　　　　　　　　　　　　　　　　　　　　　　　　　（　　）

14. "CPCD160A"其含义表示：以汽油发动机为动力源、动液传动、额定起升质量16 t、同类同级第一次改进的平衡重式叉车。　　　　　　　　　　　　（　　）

15. 电动叉车具有自行能力，其工作装置可完成升降、前后倾、夹紧和推出等动作。
　　　　　　　　　　　　　　　　　　　　　　　　　　　　　　　（　　）

16. 由于交流电叉车受电源的限制，而且作业范围又较小，因此，在实际使用中已经被淘汰。　　　　　　　　　　　　　　　　　　　　　　　　　　　（　　）

17. 转向盘是用来控制叉车行驶方向的机构。　　　　　　　　　　　（　　）

18. 叉车的加速踏板是用来控制叉车车速的，根据踩下踏板的不同程度，叉车的车速可快可慢。（　　）
19. 叉车司机在就车时，应从驾驶室的左侧上车。（　　）
20. 下车时，叉车司机应在做完规定动作后，从驾驶室右侧下车。（　　）
21. 叉车司机启动发动机后，即可挂挡起步。（　　）
22. 叉车停车，叉车司机只要踩踏行车制动器，并将换挡杆置于空挡即可。（　　）
23. 驻车制动是供停车或紧急制动时使用，其作用是避免叉车自动溜车。（　　）
24. 电瓶叉车的调速踏板，是通过变换油量大小来控制叉车的运行速度。（　　）
25. 座椅调整杆的操作：设在坐垫下部的调整杆可使座椅沿滑轨前后移动到最适合的位置。（　　）
26. 通常靠近转向盘的第二阀杆为倾斜阀杆，又称倾斜操纵杆。（　　）
27. 叉车在直线倒车时，主要是根据目标来估计和判断车辆的正确位置的。（　　）
28. 叉车停车后，叉车司机应拉紧驻车制动，以防止自动溜车。（　　）
29. 叉车在行驶中，司机的双手任何时候都不得同时离开转向盘。（　　）
30. 预见性制动是叉车司机一种最好的和应当经常采用的制动方法。（　　）
31. 发生交通事故后如当事人逃逸的，则逃逸的当事人将承担全部责任。（　　）
32. 已经办理妥相关手续的学习驾驶人员，可以在没有教练人员随车指导的情况下，单独驾驶。（　　）
33. 叉车行驶时，车上不准载人；货叉上禁止带人升降。（　　）
34. 交通标志中的警告标志，是及时提醒驾驶人员前方道路线形和道路状况的变化，以便在达到危险点以前有充分时间采取必要行动，从而确保行驶安全。（　　）
35. 在道路交通标志和标线中，指路标志分为一般道路指路标志和高速公路指路标志两类。（　　）
36. 道路施工安全标志，一般设在道路施工、养护、落石、塌方而致使交通断路段的两侧或周围。（　　）
37. 调整人们之间及个人和社会之间关系的行为准则和规范，称为职业道德。（　　）
38. 职业道德的表现形式，在长期发展过程中形成了兼有成文性和不成文性的特色。（　　）

39. 从事每一种职业的人都有其必须遵循的职业道德规范；良好的叉车司机职业道德，是确保安全行车的重要因素之一。（   ）

40. 力的作用效果，取决于力的三要素，即力的大小、力的方向和力的作用点。（   ）

41. 一个物体同时在几个力的作用下，保持静止或做匀速直线运动，此时称该物体处于平衡状态。（   ）

42. 两个力的合力，总是大于每一个分力。（   ）

43. 物体的质量，等于体积×密度。（   ）

44. 叉车的工作装置主要由货叉、叉架、内门架、外门架、起升油缸、倾斜油缸、链条和滑轮等零部件组成。（   ）

45. 叉车的叉架又称"属具架"，只能承受纵向载荷，供安装货叉、导轮或其他属具。（   ）

46. 叉车起升链条是支撑叉架和货物质量并带动叉架运动的重要挠性构件。（   ）

47. 叉车常用属具中的挑杆，在实际使用时一般适用于搬运较大的管型物件和环状物品。（   ）

48. 叉车常用属具中的圆木夹，在实际使用时一般适用于装卸、搬运长大圆木，是一种应用比较多的属具。（   ）

49. 横移货叉或侧移器，由液压油缸推动实现横向移动，能准确地将货物堆放在所需位置上。（   ）

50. 叉车司机向后拉倾斜操纵杆，则会导致倾斜阀杆下降，门架及货叉后倾。（   ）

51. 叉车卸放货物的操作步骤是：载货到位，升叉对高，缓行对位，门架竖直，降叉放货，后退抽叉，门架后仰，降叉运行。（   ）

52. 叉车行驶时，当需要车上载人的，所载的人应坐在副驾驶座上。（   ）

53. 叉车作业完毕后，叉车司机只要取下钥匙，切断电源即可离开叉车。（   ）

54. 常见的叉车故障，一般都是自然故障。（   ）

55. 在判断故障时，不必考虑和了解叉车设计制造的影响因素。（   ）

56. 内燃叉车的种类很多，有许多不同的分类方法，如果按着火方式的不同来划分，可分为压缩着火式和强制点火式两类。（   ）

57. 活塞行程是指左、右两止点间的距离。（ ）

58. 叉车发动机中的曲柄连杆机构，其功用是把燃气作用在活塞顶上的力转变为曲轴的转矩，对外输出电能。（ ）

59. 配气机构的功用，是使废气得以及时进入汽缸，新鲜可燃混合气得以及时从汽缸排出。（ ）

60. 将润滑油附着于零件表面，防止零件表面与水分、空气及燃气接触，其目的是对发动机起润滑作用。（ ）

得分	
评分人	

二、单项选择题（第1题～第70题。选择一个正确的答案，将相应的字母填入题内的括号中。每题1分，满分70分）

1. 叉车作业的安全涉及范围较广，其中包括人身安全、（ ）安全、设备安全和防火、防毒、防爆等。

　　A. 货物　　　　B. 资金　　　　C. 工具　　　　D. 材料

2. 内燃动力叉车是以（ ）为动力提供作业所需能量的叉车。

　　A. 内燃机　　　B. 蓄电池　　　C. 液压能　　　D. 电能

3. 为了保持叉车的横向稳定性，在叉车车体后部装有平衡重块的叉车，称为（ ）叉车。

　　A. 平衡重式　　B. 步行操作式　C. 插腿式　　　D. 双动力

4. 前移式叉车的行驶稳定性很好，但其结构（ ）。

　　A. 较简单　　　B. 很简单　　　C. 很复杂　　　D. 较复杂

5. 跨运车是主要用于对（ ）和集装箱进行装卸、搬运和堆码作业的。

　　A. 长大笨重件　　　　　　　　　B. 精细货物

　　C. 易碎货物　　　　　　　　　　D. 有毒有害货物

6. 当货物体积庞大或货物在托盘上的位置不当，致使其（ ）超出规定的载荷中心距时，叉车的稳定性因此而变差。

　　A. 体积　　　　B. 长度　　　　C. 宽度　　　　D. 重心

7. 叉车的最大起升高度是指叉车在平坦、坚实的地面上,满载、轮胎气压正常、架直立,货物升至(　　)时,货叉水平段的上表面至地面的垂直距离。

　　A. 指示高度　　　　　B. 最高高度　　　　　C. 指定高度　　　　　D. 某一高度

8. 叉车主要用于装卸和短途搬运作业,因此,在运距为(　　)m时,叉车能发挥出最高效率。

　　A. 100～200　　　　　　　　　　　　　　B. 200～300

　　C. 300～400　　　　　　　　　　　　　　D. 400～500

9. 叉车车体的最低点,有可能在门架底部,也有可能在(　　)。

　　A. 前桥上部　　　　　B. 前桥下部　　　　　C. 前桥中部　　　　　D. 前桥底部

10. 叉车的型号是按其动力源、构造形式、传动形式的不同进行编制的,其中"D"表示叉车的传动形式为(　　)。

　　A. 静液传动　　　　　B. 机械传动　　　　　C. 动液传动　　　　　D. 电动传动

11. 随着科技的不断发展和进步,电瓶叉车将是未来(　　)的装卸车辆。

　　A. 一般发展　　　　　B. 限制发展　　　　　C. 重点发展　　　　　D. 计划发展

12. 电动叉车的结构与内燃叉车的结构大致相同,但其组成部分中有区别的部分是(　　)。

　　A. 动力装置　　　　　B. 底盘　　　　　　　C. 工作装置　　　　　D. 液压系统

13. 控制叉车动力切断与传递的机构是(　　)。

　　A. 加速踏板　　　　　B. 离合器踏板　　　　C. 行车制动器　　　　D. 驻车制动器

14. 在操纵叉车工作机构和仪表中,表示电路接通的是(　　)。

　　A. 指示灯　　　　　　B. 电流表　　　　　　C. 油压表　　　　　　D. 水温表

15. 在驾驶叉车时,正确的驾驶姿势是(　　)。

　　A. 坐稳、胸部稍挺　　　　　　　　　　　B. 坐稳、胸部稍挺、两眼注视前方

　　C. 坐稳、胸部稍挺、双手握转向盘　　　　D. 坐稳、两眼注视前方

16. 柴油发动机起动后,当急速运转3～5 min时,应将转速提高到(　　)r/min。

　　A. 500～1 000　　　　　　　　　　　　　B. 1 000～1 500

　　C. 1 500～2 000　　　　　　　　　　　　D. 2 000～2 500

17. 行车制动踏板是叉车车轮制动器的操纵装置，应（　　）操纵。

　　A. 用左脚掌　　　　　　　　　　B. 用右脚掌

　　C. 左、右脚掌均可　　　　　　　D. 根据个人习惯

18. 当叉车需要转向时，叉车司机应根据（　　）转动转向盘。

　　A. 路面状况　　　　　　　　　　B. 转向半径大小

　　C. 个人体力　　　　　　　　　　D. 车辆完好程度

19. 设在坐垫下部的（　　）可使座椅沿滑轨前后移动到最适合的位置。

　　A. 操纵杆　　　B. 控制杆　　　C. 调整杆　　　D. 操作杆

20. 叉车在直线前进中，当需要修正方向时，转向盘要（　　），以免产生"画龙"现象。

　　A. 多打少回　　B. 少打少回　　C. 多打多回　　D. 少打多回

21. 叉车处于低速挡时，车速慢，发动机温度容易升高，并且燃油消耗（　　），故行驶距离不宜过长。

　　A. 小　　　　　　　　　　　　　B. 大

　　C. 与高速挡相同　　　　　　　　D. 没有明显变化

22. 离心力与叉车车速的平方成正比，因而，叉车司机在转弯时车速要慢，操纵转向盘不能过急，并且尽量避免（　　）。

　　A. 鸣号　　　B. 换挡　　　C. 使用制动　　　D. 变动车速

23. 在没有中心隔离设施或者没有中心线的道路上，机动车相向而行，应（　　）。

　　A. 增速靠右行驶　　　　　　　　B. 增速靠左行驶

　　C. 减速靠右行驶　　　　　　　　D. 减速靠左行驶

24. 凡机动车行驶满（　　）km，应进行一级保养，一般由驾驶员自行检查。

　　A. 1 000～2 000　　　　　　　　B. 2 000～3 000

　　C. 3 000～4 000　　　　　　　　D. 4 000～5 000

25. 叉车在安全行驶的基础上，应充分利用滑行，但在下坡坡度超过（　　）时，不应采取空挡滑行。

　　A. 2%　　　B. 3%　　　C. 4%　　　D. 5%

26. 在道路交通标志和标线中，（　　）分为道路遵行方向标志、道路通行权分配标志、专用标志三大类。

　　A. 指路标志　　　　B. 交通标志　　　　C. 指示标志　　　　D. 辅助标志

27. 在道路交通标志和标线中，辅助标志是附设于主标志下起辅助说明作用的标志，它（　　）。

　　A. 可以单独设立　　　　　　　　B. 被经常单独使用

　　C. 不能单独设立　　　　　　　　D. 不被经常使用

28. 职业是一个历史范畴，各种职业的演变经历了（　　）的过程。

　　A. 从简单到复杂，从高级到低级　　B. 从复杂到简单，从高级到低级

　　C. 从简单到复杂，从低级到高级　　D. 从复杂到简单，从低级到高级

29. 社会主义职业道德，是社会主义社会各职业活动人们行为规范的总和，是社会主义（　　）的重要内容。

　　A. 物质文明　　　　B. 精神文明　　　　C. 政治文明　　　　D. 社会文明

30. 力对物体的相互作用效果是使物体的（　　）。

　　A. 运动状态发生改变　　　　　　B. 形状发生改变

　　C. 运动状态或形状发生改变　　　D. 位置发生移动、转动和跳动

31. 物体受到的力一般可分为两类，其中一类称为主动力，即使物体产生运动或（　　）。

　　A. 移动的力　　　　　　　　　　B. 运动趋势的力

　　C. 跳动的力　　　　　　　　　　D. 滑动的力

32. 物体的质量等于（　　）。

　　A. 体积×尺寸　　　　　　　　　B. 体积×密度

　　C. 面积×密度　　　　　　　　　D. 面积×尺寸

33. 叉车工作装置是承受全部货重，完成货物的叉取、升降、装卸、堆垛等工序的机构，其中直接承载货物的货叉是（　　）构件。

　　A. 框架形　　　　　B. 方形　　　　　C. 矩形　　　　　D. 叉形

34. 并列式内门架以滚轮沿外门架内壁滚动，其运动阻力比重叠式（　　）。

A. 大 B. 小 C. 一样 D. 视情况而定

35. 叉车常用属具中的挑杆，一般适用于搬运较大的（   ）物品。

    A. 粉状 B. 环状 C. 管型和环状 D. 管型

36. 带推货器的货叉便于（   ）。

    A. 搬运 B. 装车 C. 卸货 D. 堆垛

37. 在驾驶叉车中，当需要降落货叉及货物时，（   ）升降操纵杆便可达到要求。

    A. 向前推动 B. 向后压下 C. 向左拨动 D. 向右拨动

38. 叉车司机在卸放货物操作中，当实施缓行对位操作时，应将变速杆置于（   ）。

    A. 向上挡 B. 向下挡 C. 前进挡 D. 后退挡

39. 当叉车卸载货物时，叉车司机应先将货叉下降距地面或码高货物的顶面（   ）mm左右。

    A. 300 B. 200 C. 100 D. 50

40. 叉车故障中的人为故障是由于人们在使用、操作和保养时不符合技术规范所造成的，它在所有故障中所占的比例（   ）。

    A. 极少 B. 较少 C. 较大 D. 极大

41. 叉车产生故障的原因有很多，其中由于设计不妥所造成的故障，属于（   ）原因。

    A. 本身内在质量 B. 运行条件恶劣

    C. 使用和保养 D. 运动副机件自然磨损

42. 活塞在离曲轴中心最远处时，活塞顶上面的空间，叫（   ）。

    A. 汽缸工作容积 B. 燃烧室

    C. 燃烧室容积 D. 汽缸总容积

43. 叉车发动机中的曲柄连杆机构，其功用是把燃气作用在活塞（   ）的力转变为曲轴的转矩，对外输出机械能。

    A. 顶上 B. 左边 C. 右边 D. 底部

44. 侧置式和顶置式气门机构，是气门式配气机构按照气门相对于（   ）的位置来划分的。

  A. 活塞   B. 连杆   C. 汽缸   D. 飞轮

45. 叉车冷却系的作用是将发动机工作中的高温热量散发出去，以保证它在（ ）的温度范围内正常工作。

  A. 60～70℃   B. 70～80℃   C. 80～90℃   D. 90～100℃

46. 装在汽缸盖出水口处的节温器，是用来调节冷却系的冷却（ ），用以控制冷却水的大、小循环路线。

  A. 速度   B. 压力   C. 强度   D. 流量

47. （ ）点火系，属于汽油机点火系的组成部分之一。

  A. 无触点蓄电池   B. 无触点磁电机

  C. 无触点电子   D. 有触点电子

48. 叉车发动机中的（ ）装置，由柴油箱、输油泵、柴油滤清器、喷油泵、喷油器、低压油管、高压油管等部分组成。

  A. 柴油供给   B. 空气供给   C. 混合气形成   D. 废气排出

49. 混合气形成装置由（ ）组成。

  A. 进气管   B. 排气管   C. 喷油器   D. 燃烧室

50. 起动转速低会造成柴油发动机不能起动，（ ）是导致起动转速低的原因之一。

  A. 蓄电池电量不足   B. 气门间隙过小

  C. 燃油箱中无油   D. 汽缸垫漏气

51. 由于活塞环磨损过大，或因积炭弹性不足，造成机油窜入燃烧室，叉车排气时会冒（ ）。

  A. 黑烟   B. 白烟   C. 蓝烟   D. 黄烟

52. 机油稀释变质、冷却不佳和燃烧不良等原因，都会导致柴油发动机（ ）故障的产生。

  A. 过冷   B. 过热   C. 振动   D. 颤动

53. 电路通常由电源、负载、控制电器、（ ）四部分组成。

  A. 蓄电池   B. 发电机   C. 开关   D. 导线

54. "电阻"表示导体对电流所起的阻碍作用，一般用字母（ ）来表示。

A. I B. V C. R D. A

55. 电阻并联后，总电阻要比并联电路中任何一个电阻（　　）。
A. 大 B. 小 C. 一样 D. 有大有小

56. 电工常用工具中的验电笔，由笔尖、电阻、（　　）、弹簧和笔身等部分组成。
A. 汞管 B. 碘管 C. 氦管 D. 氖管

57. 操作者在使用万用表测量完毕后，为避免下次测量时不注意选挡而损坏万用表，因此，应将转换开关转到（　　）最大量程的位置上。
A. 直流电流挡 B. 直流电压挡
C. 交流电流挡 D. 交流电压挡

58. 起动系统中常用的控制装置有机械式和（　　）两种。
A. 感应式 B. 磁电式 C. 电磁式 D. 电动式

59. 为了保持叉车车灯良好的密封性，防止（　　）的侵入，车灯的密封垫圈应安装平整、可靠。
A. 空气 B. 氧气 C. 尘灰 D. 潮气

60. 在排除起动电路无电故障时，既要合理选择量具，又要合理选择量程，其目的是为了防止（　　）。
A. 损坏工具和损坏线路 B. 损坏设备和人身伤害
C. 损坏线路和损坏设备 D. 损坏工具和人身伤害

61. 在进行叉车维护保养作业时，一般情况下（　　）采用解体检测方法。
A. 可以 B. 必须
C. 不得 D. 根据个人技能水平

62. 紧固作业是叉车保养的一项重要作业任务，紧固作业总的要求是各紧固件完好无损、牢固可靠、拧紧程度（　　）。
A. 一般 B. 牢固 C. 越紧越好 D. 符合要求

63. 对于刮片式的机油粗滤器，叉车司机应当在（　　）的作业完毕后，拧动粗滤器手柄3～4圈。
A. 每月 B. 每旬 C. 每周 D. 每日

64. 对叉车驻车制动性能的检查，一般要求在爬坡度为（ ）坡道上，满载状况下停车无下滑。

　　A. 3%　　　　B. 6%　　　　C. 10%　　　　D. 15%

65. 轮胎充气气压应在（ ）。

　　A. 1～2 MPa　　　　　　　　B. 3～4 MPa

　　C. 5～6 MPa　　　　　　　　D. 规定范围内

66. 如采用吹洗法清洗燃油箱时，压缩空气压力应控制在（ ）MPa 范围内。

　　A. 0.2～0.3　　　　　　　　B. 0.3～0.4

　　C. 0.4～0.5　　　　　　　　D. 0.5～0.6

67. 475C 型发动机在热车时，其排气门间隙应为（ ）mm。

　　A. 0.15　　　　B. 0.20　　　　C. 0.25　　　　D. 0.35

68. 在对叉车进行一级维护保养时，应对发动机怠速进行调整，调整后的怠速应稳定在（ ）r/min 范围内。

　　A. 300±50　　　　　　　　B. 400±50

　　C. 500±50　　　　　　　　D. 650±50

69. 叉车工作装置中的侧向导轮与门架的总间隙，不得大于（ ）mm。

　　A. 2　　　　B. 3　　　　C. 5　　　　D. 10

70. 全液压转向机构在运行中的性能是转向灵活，有终点感，工作可靠，转向盘操纵力不大于（ ）N。

　　A. 10　　　　B. 20　　　　C. 30　　　　D. 40

叉车司机（五级）理论知识试卷答案

一、判断题（第 1 题～第 60 题。将判断结果填入括号中。正确的填"√"，错误的填"×"。每题 0.5 分，满分 30 分）

1. √　　2. √　　3. √　　4. ×　　5. √　　6. ×　　7. √　　8. √　　9. √
10. ×　　11. √　　12. ×　　13. √　　14. ×　　15. √　　16. ×　　17. √　　18. √
19. √　　20. ×　　21. ×　　22. ×　　23. √　　24. ×　　25. √　　26. √　　27. √
28. √　　29. √　　30. √　　31. √　　32. √　　33. √　　34. √　　35. √　　36. √
37. ×　　38. √　　39. √　　40. √　　41. √　　42. ×　　43. √　　44. √　　45. ×
46. √　　47. √　　48. √　　49. √　　50. √　　51. √　　52. ×　　53. ×　　54. ×
55. ×　　56. √　　57. ×　　58. √　　59. ×　　60. ×

二、单项选择题（第 1 题～第 70 题。选择一个正确的答案，将相应的字母填入题内的括号中。每题 1 分，满分 70 分）

1. A　　2. A　　3. A　　4. D　　5. A　　6. D　　7. B　　8. A　　9. C
10. C　　11. C　　12. A　　13. B　　14. A　　15. B　　16. B　　17. B　　18. B
19. C　　20. B　　21. B　　22. C　　23. C　　24. A　　25. D　　26. C　　27. C
28. C　　29. B　　30. C　　31. B　　32. B　　33. D　　34. B　　35. C　　36. D
37. A　　38. C　　39. C　　40. B　　41. A　　42. B　　43. A　　44. C　　45. C
46. C　　47. C　　48. A　　49. D　　50. A　　51. C　　52. B　　53. D　　54. C
55. B　　56. D　　57. D　　58. D　　59. D　　60. D　　61. C　　62. B　　63. D
64. D　　65. D　　66. A　　67. D　　68. C　　69. A　　70. C

第 6 部分

操作技能考核模拟试卷

注 意 事 项

1. 考生根据操作技能考核通知单中所列的试题做好考核准备。

2. 请考生仔细阅读试题单中具体考核内容和要求,并按要求完成操作或进行笔答或口答,若有笔答请考生在答题卷上完成。

3. 操作技能考核时要遵守考场纪律,服从考场管理人员指挥,以保证考核安全顺利进行。

注：操作技能鉴定试题评分表及答案是考评员对考生考核过程及考核结果的评分记录表,也是评分依据。

国家职业资格鉴定

叉车司机（五级）操作技能考核通知单

姓名：

准考证号：

考核日期：

试题 1

试题代码：1.1.1。

试题名称：叉车驾驶及作业——驾驶基本技能（一）。

考核时间：5 min。

配分：40 分。

试题 2

试题代码：1.2.1。

试题名称：叉车驾驶及作业——作业基本技能（一）。

考核时间：5 min。

配分：40 分。

试题 3

试题代码：2.1.3。

试题名称：故障诊断——柴油滤清器故障的诊断。

考核时间：10 min。

配分：10 分。

试题 4

试题代码：3.1.3。

试题名称：维护与保养——保养蓄电池。

考核时间：10 min。

配分：10 分。

叉车司机（五级）操作技能鉴定

试 题 单

试题代码：1.1.1。

试题名称：叉车技能及作业——驾驶基本技能（一）。

考核时间：5 min。

1. 操作条件

（1）叉车驾驶场地路线示意图及实际场地布置。

（2）叉车（3 t内燃机叉车，无级变速）。

2. 操作内容

按照场地路线示意图（见下图）完成叉车驾驶操作。

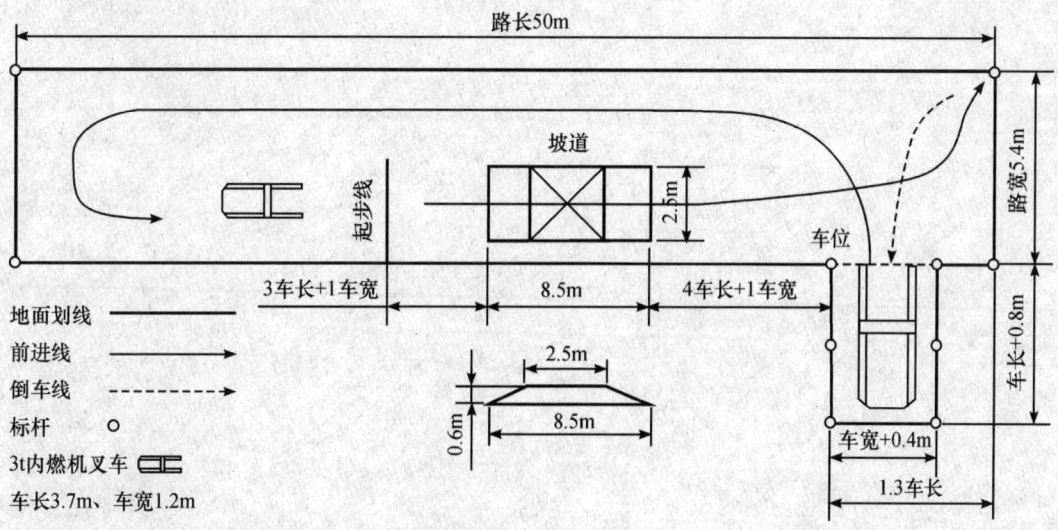

说明：坡道一座（长8.5 m、宽2.5 m、高0.6 m）。

（1）启动发动机。

（2）起步。

（3）坡道行驶。

（4）道路行驶。

（5）倒车定位。

（6）停车。

3. 操作要求

（1）启动发动机规范。

（2）起步要平稳。

（3）通过坡道中途不得停车，下坡应控制车速。

（4）稳妥倒车、定位。

（5）按规定路线行驶和停车。

（6）在规定时间内完成操作。

（7）正确使用叉车操作装置。

（8）操作符合安全行驶要求。

叉车司机（五级）操作技能鉴定

试题评分表及答案

考生姓名：　　　　　　准考证号：

试题代码及名称		1.1.1 叉车驾驶及作业——驾驶基本技能（一）			考核时间				5 min	
评价要素		配分	等级	评分细则	评定等级					得分
					A	B	C	D	E	
1	启动、起步	10	A	启动程序正确，起步平稳						
			B	启动时未置空挡；或未踩离合器（制动）踏板；或启动超过 5 s；或起步熄火						
			C	起步时门架未后倾；或货叉离地高度超出规定要求（0.2~0.3 m）						
			D	起步时未松驻车制动；或启动开关未及时复位；或未提升货叉						
			E	不能完成操作或放弃操作						
2	道路行驶	5	A	平稳行驶						
			B	行驶过程中有停顿						
			C	行驶过程中有压线或擦桩						
			D	行驶过程中出线、倒桩、移桩						
			E	不能完成操作或放弃操作						
3	坡道行驶	10	A	平稳上、下坡道						
			B	上坡道时有停顿						
			C	下坡道时未带行车制动						
			D	上坡道时溜坡；或上、下坡道时熄火						
			E	不能完成操作或放弃操作						

叉车司机（五级）

续表

试题代码及名称		1.1.1 叉车驾驶及作业——驾驶基本技能（一）		考核时间		5 min			
评价要素	配分	等级	评分细则	评定等级					得分
				A	B	C	D	E	
4 倒车、定位	10	A	平稳倒车，正确定位						
		B	倒车过程中停顿；或车未停稳换向						
		C	倒车过程中压线或擦桩						
		D	倒车过程中出线、倒桩、移桩；或倒车不到位						
		E	不能完成操作或放弃操作						
5 停车	5	A	正确停车，一次操作完成						
		B	正确停车，两次操作完成						
		C	正确停车，两次以上操作完成；或停车时急制动；或停车后未拉驻车制动；或货叉未落地						
		D	停车后货叉前端距停车线大于0.5 m；或超出停车线						
		E	不能完成操作或放弃操作						
合计配分	40		合计得分						

考评员（签名）：

等级	A（优）	B（良）	C（及格）	D（较差）	E（差或放弃操作）
比值	1.0	0.8	0.6	0.2	0

"评价要素"得分＝配分×等级比值。

叉车司机（五级）操作技能鉴定

试 题 单

试题代码：1.2.1。

试题名称：叉车驾驶及作业——作业基本技能（一）。

考核时间：5 min。

1. 操作条件

(1) 叉车作业场地路线示意图及实际场地布置。

(2) 叉车（3 t 内燃机叉车，无级变速）。

2. 操作内容

按作业场地路线示意图（见下图）完成叉车作业。

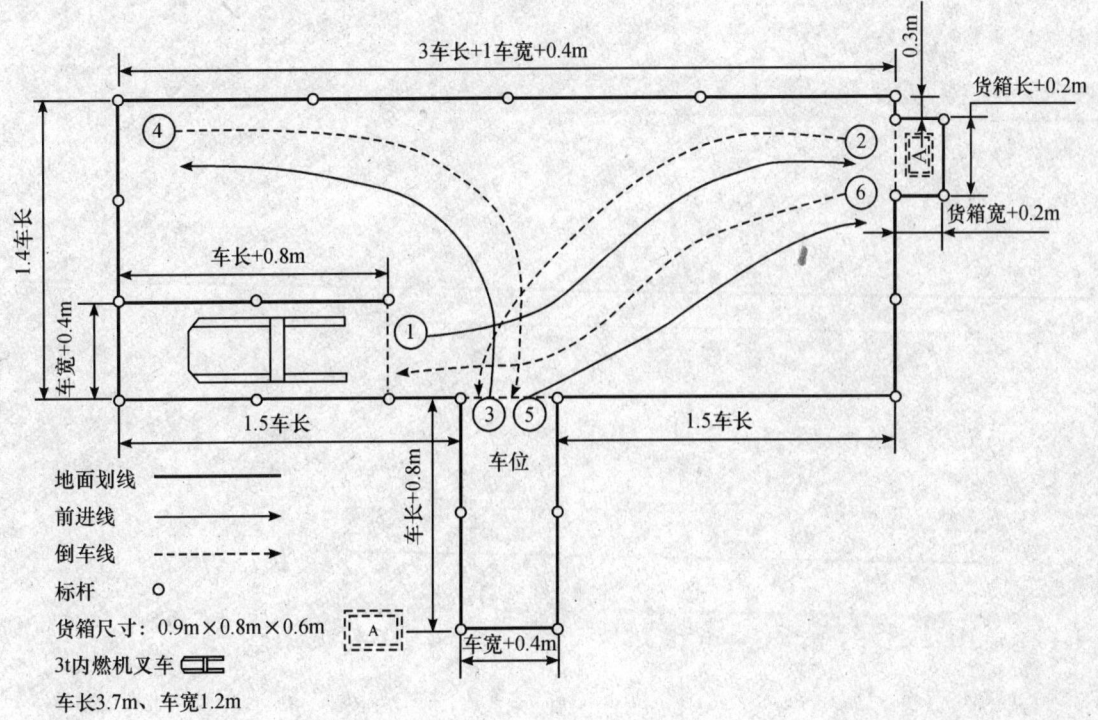

说明：货箱一只（长 0.9 m、宽 0.8 m、高 0.6 m）。

(1) 操纵工作装置。

(2) 叉取货箱。

(3) 起运货箱。

(4) 定位和卸放货箱。

3. 操作要求

(1) 按规定程序及要求操作工作装置。

(2) 正确叉取货箱，一次到位，不得撞击货箱和推移货箱。

(3) 平稳起运货箱，且运行中途不得操纵工作装置。

(4) 卸放货箱定位要准确。

(5) 在规定时间内，按①→②→③→④→⑤→⑥规定路线完成整套作业。

(6) 操作符合安全作业要求。

叉车司机（五级）操作技能鉴定
试题评分表及答案

考生姓名：　　　　　　　　准考证号：

试题代码及名称		1.2.1 叉车驾驶及作业——作业基本技能（一）			考核时间			5 min		
评价要素		配分	等级	评分细则	评定等级					得分
					A	B	C	D	E	
1	工作装置操纵	10	A	规范、正确操纵工作装置						
			B	起步时货叉离地高度超出规定要求（0.2～0.3 m）						
			C	起步时门架未后倾						
			D	起步时未起升货叉						
			E	不能完成操作或放弃操作						
2	货箱叉取	10	A	货箱准确叉取，1次操作完成						
			B	货箱准确叉取，2次操作完成						
			C	货箱准确叉取，2次以上操作完成						
			D	叉取时，货叉撞击货箱或推移货箱						
			E	不能完成操作或放弃操作						
3	货箱起运	10	A	平稳、顺畅完成货箱起运						
			B	起运时货箱离地超出规定要求（0.2～0.3 m）；或门架未后倾						
			C	行驶中压线、擦桩						
			D	行驶中出线、倒桩、移桩；或货箱倾翻						
			E	不能完成操作或放弃操作						

续表

试题代码及名称		1.2.1 叉车驾驶及作业——作业基本技能（一）			考核时间			5 min		
评价要素		配分	等级	评分细则	评定等级					得分
					A	B	C	D	E	
4	货箱卸放	10	A	货箱准确定位和卸放，1次操作完成						
			B	货箱准确定位和卸放，2次操作完成						
			C	2次以上操作完成货箱定位和卸放；或压线、擦桩						
			D	出线、倒桩、移桩；或货箱倾翻						
			E	不能完成操作或放弃操作						
合计配分		40		合计得分						

考评员（签名）：

等级	A（优）	B（良）	C（及格）	D（较差）	E（差或放弃操作）
比值	1.0	0.8	0.6	0.2	0

"评价要素"得分＝配分×等级比值。

叉车司机（五级）操作技能鉴定

试 题 单

试题代码：2.1.3。

试题名称：故障诊断——柴油滤清器故障的诊断。

考核时间：10 min。

1. 操作条件

(1) 柴油滤清器一只。

(2) 油管、螺栓及附件若干。

2. 操作内容

(1) 分析并口述产生故障可能的 4 种原因。

(2) 识别构件。

3. 操作要求

(1) 诊断故障要正确，分析原因要完整。

(2) 正确识别并口述构件名称。

(3) 注意安全操作。

(4) 在规定时间内完成。

叉车司机（五级）操作技能鉴定试题评分表及答案

考生姓名：　　　　　　　　准考证号：

试题代码及名称			2.1.3 故障诊断——柴油滤清器故障的诊断		考核时间			10 min	
评价要素	配分	等级	评分细则	评定等级					得分
				A	B	C	D	E	
1　故障诊断	5	A	故障原因诊断正确、完整						
		B	故障原因诊断遗漏或错误1项						
		C	故障原因诊断遗漏或错误2项						
		D	故障原因诊断遗漏或错误2项以上						
		E	不能完成故障诊断或放弃诊断						
2　构件识别	5	A	构件名称表述完整、正确						
		B	构件名称表述1处不正确						
		C	构件名称表述2处不正确						
		D	构件名称表述2处以上不正确						
		E	不能识别构件或放弃识别						
合计配分	10		合计得分						

考评员（签名）：

等级	A（优）	B（良）	C（及格）	D（较差）	E（差或放弃操作）
比值	1.0	0.8	0.6	0.2	0

"评价要素"得分＝配分×等级比值。

叉车司机（五级）操作技能鉴定

试 题 单

试题代码：3.1.3。

试题名称：维护与保养——保养蓄电池。

考核时间：10 min。

1. 操作条件

(1) 蓄电池一只，液面量棒一根，蓄电池接线两根。

(2) 手电筒及测量工具。

(3) 辅料若干。

2. 操作内容

(1) 识别并口述蓄电池构件。

(2) 清洁、检查蓄电池。

3. 操作要求

(1) 叙述内容正确、完整。

(2) 口述清洁和检查蓄电池的主要事项。

(3) 注意安全操作。

(4) 在规定时间内完成。

叉车司机（五级）操作技能鉴定

试题评分表及答案

考生姓名：　　　　　　　准考证号：

试题代码及名称			3.1.3 维护与保养——保养蓄电池			考核时间		10 min	
评价要素		配分	等级	评分细则		评定等级			得分
					A	B	C	D	E
1	构件识别	5	A	构件名称表述完整、正确					
			B	构件名称表述1处不正确					
			C	构件名称表述2处不正确					
			D	构件名称表述2处以上不正确					
			E	不能识别构件或放弃识别					
2	清洁检查	5	A	清洁、检查全面完整					
			B	清洁全面，但检查漏1项					
			C	清洁全面，但检查漏2项					
			D	清洁不全面或检查漏2项以上					
			E	不能完成操作或放弃操作					
合计配分		10		合计得分					

考评员（签名）：

等级	A（优）	B（良）	C（及格）	D（较差）	E（差或放弃操作）
比值	1.0	0.8	0.6	0.2	0

"评价要素"得分＝配分×等级比值。